AF395834

APERÇUS

DE

TAXINOMIE GÉNÉRALE

Methodus anima scientiæ.

PAR

J.-P. DURAND (DE GROS)

PARIS

ANCIENNE LIBRAIRIE GERMER BAILLIÈRE ET Cⁱᵉ

FÉLIX ALCAN, ÉDITEUR

108, BOULEVARD SAINT-GERMAIN, 108

—

1899

APERÇUS

DE

TAXINOMIE[1] GÉNÉRALE

I

AVIS PRÉLIMINAIRE

1. Quand on est en présence d'un pêle-mêle d'ob
jets, réels ou idéaux, qu'on a à distinguer les uns des
autres et à comparer entre eux, soit pour les étudier,
soit pour les utiliser d'une façon quelconque, on se
voit dans la nécessité d'en dresser un inventaire méthodique, autrement dit de les *classer*.

L'étymologie d'*inventaire*, et celle de son synonyme *répertoire*, indiquent bien le but de la classification : trouver (*invenire*, *reperire*) sûrement et commodément, alors que le besoin s'en fait sentir, tout
objet particulier qu'on peut avoir en vue, et qui jusque-là est comme perdu et noyé dans une foule confuse.

Prenons un exemple familier : si je mets à la boîte

---

1. Nous écrivons *taxinomie* et non *taxonomie*, ce dernier mot étant,
comme Littré le constate, d'une formation vicieuse, et devant pour ce
motif être rejeté.

une lettre portant pour toute suscription : *A M. Jean Janot*, — certes ce sera miracle si mon message arrive au destinataire. Mais qu'au nom de celui-ci je joigne le nom du pays, le nom de la province, le nom du lieu, le nom de la rue, et le numéro de la maison qu'il habite, et la poste n'éprouvera plus d'embarras à faire parvenir ma missive. Eh bien, les classifications de la science ont pour but et pour effet de simplifier et de faciliter la tâche du savant dans une non moindre mesure et par des procédés analogues.

Ces procédés consistent à découvrir l'enchaînement naturel des faits, et puis à suivre ce fil conducteur, qui nous mène du connu à l'inconnu par le chemin le plus court et le plus aisé ; ce sont des artifices ingénieux de l'esprit qui nous facilitent, ou plutôt nous rendent possibles, tout à la fois l'acquisition, l'usage et la conservation du savoir ; c'est une distribution idéale des choses par laquelle la pensée se peint à elle-même et résume en un merveilleux raccourci l'ensemble et la diversité infinie de leurs relations réelles.

Ces relations innombrablement diverses, la logique les ramène toutes à quelques grands types généraux sur lesquels seront élevés autant d'ORDRES TAXINOMIQUES distincts.

Il convenait, avant tout, de fixer la distinction de ces ordres taxinomiques fondamentaux ; il fallait les définir ; il fallait dégager nettement la nature des rapports qui sont la raison de chacun d'eux, et sa loi constitutive propre. Au lieu de cette marche rationnelle, on a entrepris d'appliquer d'emblée aux cas particuliers une science générale des classifications qui n'était pas encore créée, et dont les génies les plus privilégiés n'ont possédé tout au plus que des intuitions vagues et fugitives.

Aussi quelle confusion, quelle incohérence, et quelle impuissance dans les efforts tentés jusqu'à ce jour pour construire « le vrai système », « le système rationnel », « le système naturel » de classification dans chaque domaine scientifique !

Tant que ne seront pas solidement établies les grandes lois de la Taxinomie abstraite, les essais les moins imparfaits de Taxinomie concrète ne seront toujours que de l'empirisme. Il importe donc d'édifier sans plus de retard LA SCIENCE GÉNÉRALE DES CLASSIFICATIONS.

Je me hâte d'ajouter que je ne viens pas ici me proposer comme entrepreneur d'une construction de cette importance. Je ne suis d'ailleurs ni architecte ni maçon, mais un simple curieux qui observe, et qui se permet de soumettre ses réflexions aux professionnels au risque de s'attirer le désagréable *Ne sutor ultra crepidam*, et d'étaler son impéritie technique. Mais on sait qu'il peut venir de lumineuses pensées au plus ignorant. C'est ce qui m'enhardit à présenter ici quelques succinctes observations, quelques indications plus ou moins suggestives, touchant la démarcation à établir entre les différents ordres taxinomiques, trop souvent confondus, et à signaler les conséquences fâcheuses de cette confusion dans certaines de nos sciences spéciales.

II

DE LA SÉRIE

2. La Série est la forme élémentaire de toute classification, et peut, semble-t-il, se ramener toujours à une progression numérique, autrement dit *quantitative*, étant donné qu'elle porte sur *un quelque chose* qui va croissant ou décroissant, et dont par conséquent les variations sont mesurables. Il reste à se demander quelle est la *nature*, l'*espèce* de ce quelque chose qui varie, de cette *variable*, pour emprunter le langage des mathématiques.

Elle est aussi diverse que le sont les séries concrètes. Mais, s'il s'agit des séries abstraites, qui sont pour ainsi dire la commune charpente, le schème commun des premières, et dans lesquelles par conséquent l'intérêt scientifique doit se concentrer, alors c'est seulement à un nombre restreint de *catégories taxinomiques* que nous avons affaire. Nous allons considérer sommairement et rapidement les plus importantes. A chacune d'elles correspondra un Ordre Taxinomique propre.

ORDRE DE GÉNÉRALITÉ OU DE RESSEMBLANCE

3. Il s'agit ici de l'Ordre métaphysique par excellence. Dans cette conception, aux objets considérés, l'esprit, pour opérer sur eux, substitue leur *nature* respective, c'est-à-dire à chacun d'eux l'ensemble de ses caractères constituants.

A l'objet *positif*, autrement dit à l'objet tel qu'il est donné par l'expérience, est substitué ce qu'on peut appeler un objet *théorique*, qui en est l'équivalent.

Soit donc une quantité d'objets à classer. Nous les envisagerons comme autant de sommes de caractères. Puis nous mettant à observer ceux-ci, nous constatons sans peine que ces éléments constituants de chaque objet — ou plus exactement de sa nature — sont loin de lui être tous exclusivement propres ; qu'il n'en est de tels, au contraire, qu'une très faible partie, tandis que presque tous lui sont communs avec d'autres objets ; certains toutefois avec un petit nombre de ces derniers seulement, d'autres avec un plus grand nombre, et quelques-uns enfin avec tous.

4. Deux définitions :

I. Cette communauté de caractères entre les objets crée entre ceux-ci le rapport de *ressemblance* ; et la

Ressemblance est en raison de la proportion de caractères communs qui les unit.

II. Plus les objets auxquels s'étend un même caractère commun diffèrent entre eux, et plus ces objets différents sont multiples, plus ce caractère commun est ce qu'on nomme *général*.

5. Etant donnée une réunion confuse d'objets, et chacun d'eux étant réduit par la pensée en ses caractères constituants, nous sérions ceux-ci en les superposant par ordre de généralité croissante ; et nous obtenons de la sorte un nombre de séries ou échelles de caractères correspondant à celui des objets. Ayant ensuite comparé ces échelles entre elles, nous juxtaposons ensemble côte à côte celles qui ont en commun toute la série des caractères généraux, c'est-à-dire qui ne diffèrent l'une de l'autre que par les caractères individuels. De là un premier groupement des échelles, et conséquemment des objets, en groupes primaires, c'est-à-dire de l'extension la plus réduite. Puis nous rapprochons contiguëment ceux de ces premiers groupes d'échelles et d'objets qui ne se différencient que par les caractères généraux du plus bas degré, soit par les caractères d'*espèce*, c'est-à-dire qui ont en commun tous les autres caractères généraux sauf ces derniers ; et par là nous constituons une agrégation nouvelle, celle des groupes de 1er degré en plusieurs groupes de 2e degré ; et ainsi de suite progressivement jusqu'à ce que soient épuisées toutes les différences entre échelles, que nous ayons atteint le commun sommet de toutes nos progressions de

généralité, et que tous les objets, en même temps que leurs échelles, se trouvent réunis en un groupe unique et global par le lien suprême du plus haut caractère de généralité, qui s'étend à tous.

Afin de rendre notre exposé aussi peu abstrait et aussi peu enchevêtré que possible nous allons opérer sur un exemple, et nous le choisirons d'une extrême simplicité. Et dans ce même but nous introduirons ici deux tableaux empruntés à un opuscule ayant pour titre *Étude sur la théorie de la méthode en général*, écrit par l'auteur alors qu'il était encore presque enfant, et qui a été imprimé en appendice à la suite de nos *Essais de physiologie philosophique* [1].

6. Soit donc à classer 12 objets confondus. Nous les rangerons d'abord au hasard sur une ligne horizontale en les figurant individuellement par un signe particulier conventionnel. Sur chacun de ces 12 signes nous élevons une verticale sur laquelle nous inscrivons successivement les caractères de l'objet correspondant en les superposant par ordre de généralité croissante. Nous supposons ensuite, pour simplifier, que chacune de ces 12 échelles de caractères présente uniformément 4 échelons de généralité, que la progression de généralité est la même dans toutes, et qu'enfin existent les dispositions complémentaires suivantes :

1° Le plus bas échelon de chaque échelle sera celui de zéro généralité ; il sera constitué par les caractères

---

1. Un vol. in-8°, avec figures, de XXIII-505 pages. Paris, 1866, librairie Félix Alcan.

individuels, et correspondra à un groupe d'objets négatif, c'est-à-dire au pur individu.

2° L'échelon suivant sera celui des caractères communs de la plus étroite généralité, disons des caractères d'*espèce*. Ceux-ci, par supposition, relieront les objets 2 par 2, ce qui partant donnera lieu à un premier partage des 12 objets en 6 groupes, qui seront dits primaires. Seront juxtaposés respectivement les 2 échelles et les 2 objets formant un même groupe.

3° Le 3ᵉ échelon de généralité croissante, celui des caractères de *genre*, réunira, toujours par supposition, les 6 groupes primaires 2 par 2 en 3 groupes secondaires ; et les groupes primaires composants d'un même groupe secondaire seront rapprochés et juxtaposés.

4° Le 4ᵉ échelon, formé des caractères de généralité totale, réunira les 3 groupes secondaires en un groupe ultime et synthétique.

Les deux Tableaux ci-annexés nous rendent sensible l'opération que nous venons de décrire, et dans sa marche, et sous son double aspect d'analyse et de synthèse.

Je ne m'arrêterai pas à commenter ces deux tableaux, et renvoie au besoin au texte explicatif qui les accompagne dans l'ouvrage (indiqué ci-dessus) dont ils sont extraits. Le lecteur possédant la sagacité spéciale appropriée à ces abstruses matières — et faute de quoi il est inutile de les aborder — n'aura pas de peine à interpréter mes deux formules tabulaires, et y découvrira peut-être une éloquence muette capable de faire vibrer en lui certaines cordes d'enthousiasme.

La première exprime la réduction des objets en leurs

N° 1. — TABLEAU FIGURATIF DE L'ANALYSE CARACTÉRIQUE DES OBJETS

CARACTÈRES......	généraux de degré....	3e.........	J	J	J	J	J	J	J	J	J	J	J	J
		2e.........	G	G	G	G	H	H	H	H	I	I	I	I
		1er........	a	a	b	b	c	c	d	d	e	e	f	f
	individuels................		α	ς	γ	δ	ε	ζ	η	θ	ι	κ	λ	μ
OBJETS............................			1.	2.	3.	4.	5.	6.	7.	8.	9.	10.	11.	12.

N° 2. — TABLEAU FIGURATIF DE LA SYNTHÈSE CARACTÉRIQUE DES OBJETS

CARACTÈRES......
  généraux de degré.... 3e et dernier (unitaire). / 2e......... / 1er.........
  individuels......................

OBJETS..............

GROUPES..........
  négatifs ou individuels..........
  primaires...................
  secondaires........ ....
  tertiaire et ultimaire (unitaire)....

                          J
        G   H   I
     a   b   c   d   e   f
   α   ς   γ   δ   ε   ζ   η   θ   ι   κ   λ   μ
   1. 2. 3. 4. 5. 6. 7. 8. 9. 10. 11. 12.
   α   ς' γ' δ' ε' ζ' η' θ' ι' κ' λ' μ'
     a'   b'   c'   d'   e'   f'
        G'   H'   I'
                          J'

caractères constituants échelonnés en autant de progressions de généralité. La seconde nous montre les exemplaires multiples du caractère commun fusionnant entre eux tous, à chaque degré de généralité, en une idée et sous une expression uniques ; et, finalement, cette unification et cette subordination progressives des caractères se reproduisant, se répétant, en une image fidèle, bien qu'invertie (voir le Tableau n° 2), dans le classement logique des objets.

.·.

7. L'objet concret est constitué par la somme de ses caractères généraux de différents degrés complétée par ses caractères propres ou individuels. Retranchons ces derniers, l'objet concret s'évanouit ; mais il reste ce qui peut être logiquement nommé un objet abstrait, création de l'esprit d'une importance incomparable pour la science.

Si de l'objet abstrait qui résulte de la suppression des seuls caractères individuels — c'est-à-dire auquel il ne manquerait que la restitution de ces caractères individuels pour redevenir une réalité concrète, — si de cet objet abstrait, possédant tous les caractères généraux de l'objet concret correspondant, nous retranchons les caractères généraux de 1er degré, il nous reste encore un objet abstrait, mais d'un degré d'abstraction supérieur... ; et enfin, amputation faite successivement de tous les degrés subordonnés de généralité dans l'échelle des caractères, de façon à ne laisser en place que le degré capital, le degré suprême, celui de la généralité totale, cet unique degré subsistant, ce sommet, ce chef de l'échelle, forme encore à lui tout seul un objet abstrait, mais le plus abstrait de tous, celui qui s'éloigne le plus de la réalité concrète et individuelle.

De même que l'individu concret comporte une désignation qui est propre à son individualité, et qui pour ce motif est dite nom individuel ou personnel, pareillement tout objet abstrait, quel que soit son rang d'abstraction ou généralité, reçoit aussi un nom singulier qui lui est propre, qui sert à le désigner distinctement, et en quelque sorte individuellement en tant qu'individualité fictive. Et cette fiction, je l'ai déjà dit, constitue la plus heureuse invention de l'esprit humain pour l'acquisition, la conservation et la transmission du savoir.

.·.

8. L'analyse et la détermination d'un seul objet concret valent, jusqu'à concurrence de sa portion commune de caractères, pour le nombre indéfini, immense, sans limite, des autres objets concrets, connus ou ignorés, passés, présents ou à venir, qui se rattachent à lui par la ressemblance. Et cette connaissance générale d'un seul objet applicable à tant d'autres objets, trouve son expression implicite dans les noms de la série des « objets abstraits » s'emboîtant progressivement les uns dans les autres, en lesquels nous avons vu se décomposer théoriquement la nature du premier.

Ainsi, l'étude intégrale et actuelle d'un simple individu nous ayant découvert successivement en lui, je suppose, premièrement, un objet abstrait spécifique que nous avons nommé *Cheval* ; secondement, un

objet abstrait générique, que nous avons nommé *Solipède* ; et, troisièmement, un objet abstrait d'une généralité supérieure, que nous avons nommé *Animal* ;
le fruit de cette étude singulière, une fois faite, s'é-
tendra : 1° à tous les Chevaux, en tant que chevaux,
c'est-à-dire à tous les objets qui présentent la série de
caractères exprimée par le mot *cheval* ; 2° à tous les
Solipèdes, en tant que solipèdes, c'est-à-dire à tous les
objets individuels offrant la série de caractères qui
constituent l'objet abstrait de ce nom ; 3° à tous les
objets individuels en qui se rencontrera le groupe de
caractères dont nous avons formé l'être théorique Animal, en tant que purement animaux. De telle sorte
que, étant donné un objet nouveau à déterminer, et
certains signes apparents nous révélant de prime
abord son genre, l'opération à faire peut se résumer
algébriquement comme il va être dit.

Soit, par exemple, un objet proposé que nous nom-
merons arbitrairement *Cheval*. Un caractère extérieur
nous a révélé, en vertu d'une loi de concomitance, que
c'est un Solipède ; mais il nous reste maintenant à
connaître en quoi le Cheval diffère de tout autre Solipède, c'est-à-dire quel est son caractère spécifique
et différentiel. La question pourra dès lors se poser
ainsi :

Objet concret *Cheval* = objet abstrait *Solipède*
(= objet abstrait *Animal* + caractères différentiels
de Solipède) + caractères spécifiques complémentaires (x).

Ici, l'inconnue, ce n'est pas au calcul, sans doute,
qu'il faudra la demander ; ce sera à une analyse directe
de la dégager. Mais cette analyse sera restreinte à une

portion relativement minime des éléments de l'objet qui constitue le problème à résoudre.

.·.

9. Ce chapitre comporterait d'autres développements d'un grand intérêt ; je dois me les interdire pour rester dans les limites que je me suis imposées. L'ordre taxinomique de Généralité est d'ailleurs celui qui a fixé le plus l'attention des métaphysiciens, et la théorie en est relativement avancée. Nous ne pouvons toutefois nous dispenser de signaler en passant la propriété la plus caractéristique et la plus essentielle de cet Ordre, parce qu'elle constitue entre celui-ci et l'Ordre de Composition, que nous allons aborder, un critère différentiel décisif, qui est d'autant plus utile que les deux ordres sont habituellement confondus par la plus dommageable des erreurs.

Ce qui fait et mesure la généralité d'un terme général (le *terme*, c'est l'objet abstrait en tant que représenté par son nom), c'est son *extension*, et à celle-ci est inversement proportionnelle sa *compréhension*.

Cela revient à dire que plus l'objet abstrait est haut placé sur l'échelle de généralité croissante des caractères de l'objet concret, c'est-à-dire plus le nom qui le désigne est applicable à d'individus, moins, d'autre part, ce nom embrasse de caractères (propriétés, attributs). Ainsi, par exemple, le terme *Animal*, qui s'applique à la fois aux Loups, aux Perroquets, aux Mouches, aux Huîtres etc., s'étend par suite à plus d'objets que le terme *Loup*, qui s'applique seulement à des Loups. Et en revanche il comprend moins de caractères que n'en représente le terme *Loup*, celui-ci

enveloppant la longue série des caractères constituants de l'espèce Loup, du genre Chien, de l'ordre
Carnassier, etc.etc.,tandis que la nature du premier se
ramène à la proportion relativement très exiguë des
caractères qui sont communs à un Loup et à un Mol-
lusque.

10. Il convient encore de rappeler ici, sans y trop
insister, la distinction très légitime et très importante
posée, mais non encore nettement définie, par les
logiciens, entre l'*objet* (dit encore *sujet*, *être*) abstrait,
et l'*attribut*, le *caractère*, la *propriété* abstraits.
Ceci nous amènerait en même temps à parler de la
grande et vieille controverse, qui n'est pas toutefois
vidée, du Réalisme, du Nominalisme et du Conceptualisme, laquelle roule sur la question de savoir ce
que les « universaux » — c'est-à-dire les objets réduits
à leurs caractères généraux, et les caractères ou attributs considérés isolément et abstraction faite des objets qui les manifestent, de leur « sujet », suivant le
langage de l'Ecole — sont en soi ; s'ils ont une existence réelle ou purement imaginaire.

Un tel débat est loin d'être vain et oiseux, quoi
qu'en aient dit les soi-disant esprits positifs ou positivistes. Mais nous y engager serait outrepasser les
bornes d'un simple coup d'œil à vol d'oiseau sur les
grandes lois de la Taxinomie. Toutefois nous aurons
l'occasion d'en dire un mot dans le suivant chapitre.

11. Je tiens à placer ici quelques observations sur
l'opinion de Stuart Mill touchant la différence qu'il y

aurait à faire entre l'idée de *l'abstrait* et l'idée du *général*, et touchant la distinction rigoureuse à laquelle, suivant lui, il importerait de soumettre l'emploi de ces deux termes en logique. Écoutons l'auteur :

« Un nom Concret, dit-il, est le nom d'une chose, l'Abstrait est le nom de l'attribut d'une chose... Je me sers des mots Concret et Abstrait au sens que lui ont donné les scolastiques, qui, malgré les défauts de leur philosophie, sont sans rivaux dans la construction du langage technique, et dont les définitions, du moins en logique, quoique toujours superficielles, n'ont pu jamais être modifiées qu'en les gâtant. Dans des temps plus voisins de nous, cependant, s'est établie l'habitude, sinon introduite par Locke, du moins vulgarisée principalement par son exemple, d'appeler « noms abstraits » les noms qui sont le résultat de l'abstraction ou généralisation, et, par conséquent, tous les noms généraux, au lieu de borner cette dénomination aux noms des attributs. Les métaphysiciens de l'école de Condillac ont, à sa suite, porté si loin cet abus de langage, qu'il est difficile maintenant de ramener ce mot à sa signification primitive. On trouverait peu d'exemples d'une altération aussi violente du sens d'un mot ; car l'expression *nom général*, dont l'équivalent exact existe dans toutes les langues à moi connues, disait déjà très bien ce qu'on a voulu dire par cette vicieuse application du mot *abstrait*, qui a, en outre, l'inconvénient de laisser sans dénomination distinctive l'importante classe des noms d'attributs. Cependant l'ancienne acception n'est pas tellement tombée en désuétude que ceux qui y tiennent encore aient, en l'adoptant, perdu toute chance d'être compris. Par

abstrait donc j'entendrai toujours l'opposé de *concret* ;
par nom abstrait, le nom d'un attribut ; par nom concret, le nom d'un objet [1]. »

Plus loin, l'auteur émet la proposition suivante, où
encore est implicitement, mais très clairement affir-
mée l'indépendance et l'opposition mutuelle du Général et de l'Abstrait :« Tous les noms concrets généraux
(*sic*) sont connotatifs [2]. »

12. Qu'il faille scrupuleusement distinguer entre
l'objet idéal représenté par le nom commun ou général, et le simple caractère considéré comme tel, en soi,
et en dehors de tout objet, rien ne me paraît plus juste.
Mais ces deux idées ne sont-elles pas, l'une comme
l'autre, le produit de l'abstraction? Pour concevoir l'attribut isolément, l'Élasticité, je suppose, il faut faire
abstraction de son sujet ; et pour concevoir l'idée
d'un objet général, l'idée de l'Homme, par exemple,
il faut faire abstraction de tous les objets particuliers
dans lesquels il est à la fois présent. Ces deux produits
de l'abstraction sont conséquemment des abstraits
l'un et l'autre : l'un est le *caractère* abstrait, l'autre
est l'*objet* abstrait, et c'est ce dernier que Mill baptise
concret général.

Et maintenant si le Concret Général de Stuart Mill
est véritablement un Objet *abstrait*, comme nous venons de le voir, d'autre part son Abstrait, c'est-à-dire
le caractère ou attribut considéré en soi et représenté
par un nom substantif, comporte à son tour la quali-

<hr>

1. *Système de logique déductive et inductive,* par John Stuart Mill,
traduct. de Louis Peisse, t. I, p. 28.
2. *Op. cit.,* t. I, p. 31.

fication de *général*, quoi qu'en dise le très éminent logicien, et cela même à plusieurs titres distincts.

Ainsi l'attribut Couleur est d'abord un terme général au sens générique, puisqu'il constitue un genre relativement aux différentes espèces de couleurs, telles que Blancheur, Rougeur, etc. Secondement, il est usuel de dire que tel attribut déterminé est plus ou moins général par rapport à tels ou tels autres attributs pour exprimer qu'il s'*étend* à un plus grand nombre ou à un moins grand nombre de sujets que ne font ces derniers. La Couleur, par exemple, sera dite moins générale que la Grandeur, et plus générale que l'Odeur, pour signifier que les objets colorés sont plus nombreux que les objets odorants, et moins nombreux que les objets étendus.

L'adjectif *général* se prend encore dans certaines autres acceptions très différentes de celles que nous venons de considérer ; c'est dans le chapitre suivant que nous aurons à nous en occuper.

La notion exacte de l'attribut ou caractère abstrait me semble avoir été imparfaitement saisie par Stuart Mill. L'attribut, en tant que strictement tel, ne peut se rendre rigoureusement que par un adjectif. En le substantivant fictivement on lui communique les propriétés logiques de l'être, du sujet, de l'objet.

Stuart Mill donne d'abord cette définition : « Un nom Concret est le nom d'une chose ; l'Abstrait est le nom de l'attribut d'une chose [1]. » Il néglige ici un point essentiel : nous apprendre ce qu'il entend au juste par une *chose*. Toutefois, il identifie *chose* et

1. *Op. cit.*, t. I, p. 28.

2

sujet : « Par sujet, dit-il, il faut entendre toute chose qui possède des attributs [1]. » Or comme toute chose possède nécessairement des attributs sous peine de ne pas être, il en résulte que l'idée de chose et l'idée de sujet se confondent.

Et de là s'ensuit consécutivement que l'attribut est en même temps un sujet, « une chose », puisqu'il comporte lui-même des attributs, ainsi d'ailleurs que Mill le reconnaît formellement dans ce passage : « Les noms abstraits, déclare-t-il, quoique noms d'attributs seulement, peuvent, dans quelques cas, être considérés comme connotatifs, *car les attributs peuvent avoir eux-mêmes des attributs* [2]. »

13. Conclusion : Les attributs peuvent logiquement être regardés comme des sujets, comme des choses, et ces « Abstraits » sont par conséquent des « Concrets », aux termes mêmes des définitions posées par l'illustre auteur. Et ainsi se réfute encore par l'absurde sa thèse comme quoi la qualité d'*abstrait* appartiendrait à l'attribut seul, celle de *concret* au sujet seul, et enfin comme quoi il y aurait incompatibilité entre les qualités d'*abstrait* et de *général*.

14. Les classifications de la Botanique et de la Zoologie passent pour des applications typiques de l'ordre taxinomique de Généralité. Sans doute, il en est ainsi dans une grande mesure ; cependant, quoique pré-

---

1. *Op. cit.*, t. I, p. 30.
2. *Op. cit.*, t. I, p. 32.

pondérant, cet ordre ne s'y montre pas exempt de tout mélange. Nous reviendrons tout à l'heure sur ce point, qui est des plus importants pour l'Histoire Naturelle.

IV

ORDRE DE COMPOSITION OU DE COLLECTIVITÉ

15. L'ordre de Généralité, que nous venons de considérer sommairement, est basé sur le rapport du Genre à l'Espèce, et de l'Espèce au Genre ; l'ordre que nous allons examiner maintenant se fonde sur un mode de relation tout autre, la relation du Tout à la Partie, et de la Partie au Tout. Le premier est un ordre essentiellement métaphysique, ne mettant en œuvre que des abstractions ; celui-ci, au contraire, ne manie que du concret, et pourrait en quelque sorte, par contraste, être appelé physique, bien qu'il s'applique aux choses intellectuelles non moins qu'aux objets sensibles.

Ce qui importe au plus haut point, c'est de mettre en plein jour, une fois pour toutes, ce qui caractérise et différencie ces deux concepts taxinomiques pour qu'on en finisse avec une confusion non moins nuisible qu'habituelle. Cette confusion se montre, non pas seulement dans le langage ordinaire, mais aussi et très couramment dans celui de la science, et trop souvent même dans celui des philosophes. Elle gît dans l'équivoque du mot *général* (comme aussi du mot *universel*) employé à la fois et indifféremment, d'abord pour signifier l'*extension appellative* et toute idéale du nom de genre — c'est-à-dire la pluralité rela-

tive des choses auxquelles il est applicable ; secondement, pour signifier la *compréhension réelle* du nom
collectif, c'est-à-dire pour rendre l'idée de la relation
du composé à ses parties composantes ; troisièmement, pour signifier l'*extension réelle* d'un élément,
substantiel ou qualificatif, à la totalité des parties
d'un tout (l'*universale a parte rei* des scolastiques?).

C'est ainsi qu'on dira que *membre* est un terme général : d'une part, relativement aux bras et aux jambes, lesquels sont des membres ; d'autre part, relativement à leurs segments composants — l'arrière-bras,
l'avant-bras, la main ; la cuisse, la jambe proprement
dite, le pied —, qui ne sont pas des membres, mais des
portions de membres. Ce même mot exprime donc là
deux sortes de rapports fort hétérogènes, et constitue
ainsi une équivoque, dont nous ferons comprendre
tout à l'heure la portée par quelques-unes de ses conséquences.

Le nom *membre* est univoque (style scolastique),
c'est-à-dire nom commun pour *les membres de toute
espèce* ; de sorte que la jambe ou membre inférieur
est un membre, que le bras ou membre supérieur
est un membre. Mais ce nom cesse d'être univoque vis-à-vis des parties d'un membre. En effet on ne
saurait dire que le tibia est un membre, que les doigts
sont des membres. Ils sont *parties* de membres, tandis que le bras (membre supérieur) et la jambe (membre inférieur) sont *espèces* de membres. Enfin on dira
encore que la Cellule est l'élément général de l'organisme vivant, le mot *général* visant ici une extension
que j'appelle *réelle*, et qui relève, non de l'ordre Générique, mais de l'ordre Collectif.

16. C'est ici le lieu de signaler une autre classe très remarquable d'équivoques qui jettent aussi la confusion entre les notions d'ordre générique et celles d'ordre collectif.

Du nom de l'Objet Abstrait se forme un dérivé, également substantif, qui sert à désigner, non pas cet objet, mais sa *nature*. Ainsi du mot *animal*, nom de l'objet abstrait Animal, se tire le nom *animalité*; de même le mot *homme*, nom de l'objet abstrait Homme, produit le dérivé *humanité*. Mais par l'effet d'une certaine pente de l'esprit, le nom de la nature de l'objet abstrait devient en même temps le nom de la collectivité des objets concrets compris dans l'extension de cet objet abstrait.

C'est ainsi que Animalité, tiré d'Animal, signifie tout à la fois et la nature animale et l'ensemble des Animaux; c'est ainsi que Humanité, tiré de Homme, et Parenté, tiré de Parent, ont la double signification de *qualité* d'Homme ou de Parent, et de *collection* des Hommes ou des Parents.

Au sens générique, on peut dire de l'Humanité qu'elle est présente et entière en chacun de nous; au sens collectif, l'Humanité est une totalité dont chacun de nous n'est plus qu'une unité. Dans la première acception, on peut dire encore que chaque homme contient toute l'Humanité en soi; dans l'autre acception, il est également vrai de dire que chaque homme est contenu tout entier en elle.

Cette opposition de propriétés met vivement en vue l'un des aspects de la différence qui sépare l'un de l'autre l'ordre Générique ou de Ressemblance, et l'ordre Collectif ou de Composition.

.·.

17. Si nous ouvrons le *Dictionnaire* de la langue française de Littré, qui fait autorité, au mot COLLECTIF, nous y lisons : « Dans cette phrase : Le renard est rusé, *renard* a un sens, une valeur collective. » Par cet exemple très topique l'auteur prouve que la distinction philosophique du général au sens générique et au sens collectif lui échappe entièrement. Et à cet égard, Littré, c'est à peu près tout le monde. Il faut voir comme le même auteur, dans une discussion magistrale avec Herbert Spencer, s'épuise en efforts, aussi vains que pénibles, pour démêler la confusion des deux idées de généralité ; il sent vaguement qu'il existe là une différence foncière, mais il ne parvient pas à la saisir, et il conclut par un contresens.

« Déjà en 1859, écrit-il, j'ai, dans les *Paroles de philosophie positive*, posé la base d'une distinction qu'il faut faire et qui indique la solution de la difficulté suscitée au sujet du principe de généralité décroissante, à savoir : la distinction entre la généralité objective et la généralité subjective. Il y a, dans le bloc des substances et des phénomènes qu'on nomme la nature, dans l'ensemble des propriétés de la matière qui constitue toute chose, corps inorganiques et corps organisés, trois échelons de généralité décroissante nettement marqués. D'abord est le groupe des propriétés sans lesquelles aucune substance ne se montre, c'est-à-dire la gravité, la chaleur, l'électricité et le magnétisme, la lumière, l'élasticité et la sonorité.

Toute substance, quelque isolée qu'on la suppose, est pesante, chaude, électrique, lumineuse, élastique. Ce groupe se nomme, si l'on veut, le groupe de l'unité ou de la matière considérée en des caractères qui, pour se manifester, n'ont besoin d'aucune combinaison binaire, ternaire, quaternaire, etc. ; il a aussi par conséquent pour signe d'appartenir aussi bien à la masse qu'aux particules intégrantes. Le second groupe est celui des propriétés qu'on nomme d'affinité ou chimiques ; là il ne suffit pas d'avoir un fragment quelconque d'une substance quelconque, auquel l'isolement et l'indépendance n'ôtent rien de son état gravatif, thermal, électrique, lumineux, élastique ; pour que le chimiste intervienne, il faut deux substances différentes, et non seulement différentes, mais encore ayant de l'affinité l'une pour l'autre, ce qui limite et circonscrit encore davantage ce domaine. On appellera ce groupe celui de la binarité... Enfin le troisième groupe est celui des propriétés vitales ; non seulement la vie n'appartient pas à toute substance isolée, non seulement elle n'appartient pas à toute substance composée binairement, mais encore, limitée à un très petit nombre d'éléments, seuls susceptibles de constituer des termes organiques, elle exige le concours de compositions ternaires ou quaternaires. Voilà donc trois degrés de généralité objective décroissante, de complication objective croissante [1]. »

Quelque indigeste que soit cet exposé, on peut y démêler néanmoins que ce que l'auteur appelle généralité objective, ce n'est point la généralité généri-

____

1. *Auguste Comte et la philosophie positive*, par Emile Littré, 2ᵉ édit. Paris, 1864, p. 290.

que, mais une généralité au sens collectif, l'extension réelle de l'Élément, que nous avons définie ci-dessus.

Maintenant voici un autre passage où il s'agit aussi, et tout aussi évidemment, de l'ordre de Composition, mais où les acceptions réciproques des mots *général* et *particulier* se trouvent renversées. L'intérêt principal de cette citation est toutefois, pour nous, de nous fixer sur la distinction que l'auteur prétend faire du général en objectif et subjectif.

« L'élément anatomique, poursuit-il, me paraît le cas le mieux approprié pour donner une idée précise des deux ordres de généralités. Au point de vue objectif, c'est le dernier terme auquel la dissection est arrivée, et par conséquent le plus particulier. Au point de vue subjectif, c'est le premier terme de la synthèse, celui avec lequel on recompose tout le corps [1]. »

Dans son premier passage, Littré esquisse une progression de composition des corps partant du « groupe de matière considérée en des caractères qui, pour se manifester, n'ont besoin d'aucune combinaison binaire, tertiaire ou quaternaire, etc. », et aboutissant aux corps organisés. C'est donc son « groupe » le plus élémentaire, c'est sa matière la plus simple, qui constitue le premier de « trois échelons de généralité décroissante », autrement dit, qui est ce qu'il y a de plus général. Et puis, quelques lignes plus loin, dans la série de composition organique, c'est « l'élément anatomique », « le dernier terme auquel la dissection anatomique soit arrivée », qui est « par conséquent le plus particulier ».

1. *Op. cit.*, p. 233.

Voilà donc un point essentiel sur lequel il y a contradiction manifeste et flagrante dans les jugements de l'auteur, et par conséquent confusion et ténèbres dans ses idées. Passons à sa caractéristique différentielle de la généralité subjective et de la généralité objective. C'est « au point de vue objectif », entendons-nous ! que l'élément anatomique est le terme « le plus particulier », le moins général, de la série ; mais, « au point de vue subjectif », il prend sa revanche ; il est alors le plus général, parce qu'il est « le premier terme de la synthèse, celui avec lequel on recompose tout le corps ».

18. Ceci revient, ce me semble, à dire que, une progression quelconque étant donnée, la valeur intrinsèque et le rapport mutuel de ses termes dépendent du sens dans lequel on suit la progression, c'est-à-dire de haut en bas ou de bas en haut. Comme exemples, soit ces deux progressions d'ordre différent : 1° Français, Européen, Homme, Mammifère, Animal ; 2° Mètre, Décamètre, Hectomètre, Kilomètre, Myriamètre. Dans la première, de Français à Animal la généralité des termes va croissant, c'est-à-dire que Français est le terme le moins général, et Animal le plus général ; dans la seconde, qui est une progression géométrique de collectivité, Mètre est le terme de la plus petite mesure, Myriamètre est celui de la plus grande mesure. Que, maintenant, il vous plaise d'énumérer les termes de ces deux séries régressivement, de dire : Animal, Mammifère, Homme, Européen, Français ; Myriamètre, Kilomètre, Hectomètre, Décamètre, Mètre ; eh bien, il se trouvera que par cette inversion

d'énoncé, vous aurez inverti la valeur réelle et la relation des termes : Français ne sera plus le terme le plus particulier de sa série, il en sera le plus général, et Animal sera devenu le plus particulier, du plus général qu'il était. Le Mètre était la plus petite mesure, et le Myriamètre était la plus grande, oui, mais à la condition qu'on énoncerait la série dans l'ordre ascendant ; nous l'énonçons à rebours, et *ipso facio* le Mètre passe à l'état de multiple du Décamètre, qui devient le multiple de l'Hectomètre, qui devient le multiple du Kilomètre, qui devient le multiple du Myriamètre !

Il n'est que trop clair maintenant que l'opposition d'une généralité subjective et d'une généralité objective imaginée par Littré ne fut qu'un effort impuissant pour définir une distinction légitime (celle du général générique et du général collectif), mais vaguement perçue, dont une insuffisance d'aptitude métaphysique ou d'attention l'empêch de saisir nettement l'objet.

19. Le temps m'a manqué pour étudier dans les sources la fameuse controverse scolastique des Universaux. J'inclinerais toutefois à croire que c'est de l'équivoque commune aux mots *général, universel* et leurs analogues, que dérive, du moins pour une part, la conception des Réalistes. Ils ont confondu, j'imagine, l'extension *idéale, nominale*, du Genre à ses Espèces, avec l'extension *réelle* de l'Élément, substance ou qualité, aux différentes parties d'un Tout. Par exemple, le nom *métal* étant le nom générique pour l'or, le plomb, le fer le cuivre, etc., ils ont

considéré le Métal abstrait — c'est-à-dire ce qu'il entre de qualités communes dans toutes les espèces de métaux — comme une sorte de commun élément entrant simultanément dans la nature des divers métaux, en quelque manière comme l'acide carbonique entre dans la constitution du carbonate de chaux, du carbonate de fer, du carbonate d'ammoniaque.

Il y a là méprise certaine et grave, n'en déplaise à Platon. Il nous est permis de dire : Voici de l'acide carbonique et voilà de la chaux, de l'oxyde de fer, de l'ammoniaque, car nous désignons ainsi des composants que nous pouvons observer séparément. Mais je suppose que nous sommes en face des trois carbonates : dans ce cas, le Carbonate, au sens général, n'est plus un élément, une partie, un composant; c'est un *genre* dont le Carbonate de Chaux, le Carbonate de Fer, le Carbonate d'Ammoniaque sont des *espèces*. Pourrions-nous donc isoler le carbonate de ses trois bases, de même que nous en isolons l'acide carbonique ? Pouvons-nous dégager par l'analyse chimique un carbonate absolu, c'est-à-dire qui ne serait ni calcique, ni ferrique, ni ammonical, etc., etc., mais qui serait purement et simplement *le Carbonate?*

Non, évidemment ; le nom général (c'est-à-dire générique) ne désigne donc pas une chose concrète, mais une abstraction, une création de l'esprit, un concept.

Toutefois, il est des cas d'une certaine catégorie où cet abstrait se rapproche si singulièrement du concret, où cette généralité idéale semble tellement se confondre avec l'individualité réelle, que la thèse réaliste en paraît à certain égard justifiée. Ce qui en résulte tout au moins, c'est une très sérieuse difficulté pour l'antithèse nominaliste, ou même pour le conceptualisme. C'est ce que nous allons montrer.

20. Tant que nous n'avons affaire qu'aux Genres dont l'extension porte sur des objets distincts et multiples dans l'espace, c'est-à-dire s'offrant à nous simultanément, Aristote a la partie belle contre Platon ; car la multiplicité et la diversité mêmes des objets auxquels s'étend, ou peut s'étendre le genre, et à part desquels on ne saurait le rencontrer où que ce soit, paraît le dépouiller de toute existence individuelle. Mais la situation change quand le genre se confond avec l'individu lui-même, et que les espèces subordonnées ne sont autres que les états successifs et transitoires de cet individu ; car le cas se présente, on va le voir.

Prenons une parcelle de ce corps que les chimistes désignent, à leur façon, par le symbole HO, mais auquel le langage ordinaire n'a encore su affecter aucune dénomination adéquate. Ce sera bien là une certaine portion de la matière absolue, ce sera un fragment individuel de la masse matérielle totale ; enfin ce sera une individualité concrète au sens le plus rigoureux.

Eh bien, cette parcelle de substance HO s'offrira à nous alternativement sous plusieurs formes physiques entièrement différentes : sous forme de gaz, sous forme liquide, sous forme solide ; ce sera tantôt ce que nous appelons de la vapeur, tantôt ce que nous appelons de l'eau, tantôt ce que nous appelons de la glace, de la neige, du givre ; autant de choses on ne peut plus dissemblables par leurs qualités physiques, par leurs états phénoménaux.

Et pourtant, sous ses diverses formes alternatives, c'est toujours le même Protée, qui change de forme, mais ne meurt point. HO est donc rigoureusement un genre s'étendant à trois espèces, qui sont : HO vapeur; HO liquide, ou eau ; HO solide, ou glace, neige, etc. Et ce HO abstrait, qui est le fond commun de ses trois espèces physiques, de la même façon que l'animal est le fond commun à la nature de l'homme, du lièvre, du ver de terre, etc., devient néanmoins un objet concret et individuel si nous le considérons ainsi qu'il vient d'être fait, c'est-à-dire comme un certain fragment détaché du bloc total de la matière.

Quand nous disons : *l'animal*, nous exprimons l'idée d'un objet idéal qui n'a de réalité que dans et par les individualités concrètes que nous désignons du doigt en disant : cet homme, ce cheval, ce pigeon, cet insecte. Tout au contraire, quand il s'agit de HO identifié à une parcelle individuelle de la matière, ce HO reste le genre des espèces Vapeur d'eau, Eau et Glace, et constitue pourtant un être réel et permanent, et comme qui dirait une personnalité ; et cela, alors que ses formes spécifiques, c'est-à-dire ses *actualités* formelles, qui seules sont saisissables, qui seules semblent avoir corps et réalité, ne sont vraiment que des états transitoires, de pures apparences, de simples et éphémères phénomènes, des fantômes.

21. Il est à peine besoin de faire remarquer que ce

qui vient d'être dit de la matière HO s'applique pareillement, et avec la même force, à la Matière M, c'est-à-dire à la Matière ou Substance en général, et que celle-ci mérite par conséquent d'être considérée à la fois, et comme une abstraction, c'est-à-dire comme un genre, et comme seule réelle, seule constante, seule indéfectible, par rapport à ses travestissements phénoménaux, qui ne sont qu'apparence ondoyante et incessamment variable.

Ce n'est donc pas sans quelque fondement que le Réalisme maintient jusqu'ici sa thèse contre ses adversaires ; et il y a lieu d'espérer qu'il existe quelque part un terrain de conciliation pour les deux partis.

22. Ces dernières considérations nous font voir en outre que la distinction classique de la *substance* et de la *forme* ou *phénomène*, n'est pas vide de raison d'être. A cette question se rattache étroitement celle de l'*identité*. Dans le cas de la parcelle de matière HO sur laquelle nous venons de discourir, l'Identité de l'individu réside dans la Substance ; et celle-ci est généralement considérée comme le fond permanent d'un sujet quelconque. En ceci on se trompe : il est des identités inhérentes à la pure Forme, et étrangères à la Substance. Un cours d'eau, ruisseau ou fleuve, nous offre un exemple saisissant de cette vérité. Ici, nulle Identité, nulle permanence substantielle, car les molécules d'eau se succèdent et se renouvellent sans interruption. Au contraire, ce qui relativement ne change pas, ce qui est stable, identique à soi, c'est la situation de l'objet et son aspect

général, c'est laforme que revêt la masse liquide à chaque niveau du courant.

Et maintenant, si je me demande en quoi consiste l'Identité de l'individu chez les êtres vivants, je serai forcé de reconnaître que, cette fois encore, elle n'est pas dans la Substance, c'est-à-dire dans le fonds moléculaire de l'organisme, puisque, à l'instar des eaux du fleuve, il subit un renouvellement, un « écoulement » continuel ; mais qu'elle n'est pas davantage dans la Forme, soit du végétal, soit de l'animal, laquelle s'altère à son tour graduellement, avec une rapidité plus ou moins grande, avec plus ou moins de lenteur, mais avec une continuité ininterrompue, amenant un changement profond, total même, de telle période de l'évolution organique à telle autre. Qu'est donc ce qui constitue ici l'Identité ?... Mais il est temps d'arrêter cette digression pour rentrer dans notre sujet.

.·.

23. L'obscurité qui règne sur la distinction des deux Ordres taxinomiques de Généralité et de Collectivité dans les esprits étrangers à la métaphysique a induit l'illustre Bichat, et après lui tous les physiologistes jusqu'à ce jour, en une erreur qui pèse lourdement sur la science. L'auteur de l'*Anatomie Générale* eut le premier l'heureuse pensée de faire un classement logique des parties que l'anatomiste a à distinguer dans le corps humain, et de doter par là l'analyse anatomique d'une méthode rationnelle dont elle manquait entièrement.

Ce qu'il conçut d'abord, par une juste inspiration, ce fut l'idée d'un ordre de Composition progressive en une échelle de degrés d'organisation à chacun desquels se rattacheraient, et dans lequel se résumeraient, sous un commun vocable, toutes les parties correspondantes de l'organisme, quel que fût leur nombre, quelle que fût leur diversité.

A cause de l'état d'enfance des recherches microscopiques à son époque, Bichat ne sut discerner que quatre étages de composition dans la progression organique, et il les désigna par les dénominations suivantes, en allant du plus simple au plus composé : le Tissu, le Système, l'Organe, l'Appareil. Ses disciples ne tardèrent pas à ajouter à cette série incomplète (et d'ailleurs en partie vicieuse) un nouveau terme essentiel, qui devint son premier échelon : l'Elément.

Le plan rationnel de l'Anatomie, à laquelle il avait fait totalement défaut jusque là, était donc enfin tracé, tout au moins esquissé : cinq grands types de formation, qui sont en même temps les degrés d'une progression multiplicative de composition organique, c'est-à-dire d'une progression dans laquelle chaque terme est un multiple de celui qui le précède, et un sous-multiple de celui qui le suit ; et ces cinq types progressifs — Elément, Tissu, Système, Organe, Appareil — devenant chacun un *genre anatomique* qui s'étendra à toutes les *espèces anatomiques* de même rang et de même nom. C'est-à-dire que la notion générique d'Elément s'étendra à toutes les espèces d'éléments ; la notion générique de Tissu, à toutes les espèces de tissus ; la notion générique de Système, à toutes les espèces de systèmes ; et ainsi successivement.

24. Envisagée au point de vue de sa méthode, toute science particulière se dédouble, on le sait, en deux grands aspects : le côté général, celui des généralités de la science, et le côté spécial, celui de ses spécialités, c'est-à-dire qui est afférent aux modes particuliers de ses grandes lois. Ainsi, le programme de la Chimie, celui de la Pathologie, celui de la Grammaire (pour prendre nos exemples dans les domaines les plus divers), se scindent en Chimie Générale et Chimie Spéciale ; en Pathologie Générale et Pathologie Spéciale ; en Grammaire Générale et Grammaire Spéciale. Et tout le monde saisit la raison et le sens de cette dichotomie consacrée.

Quel devra dès lors être l'objet de l'Anatomie Générale, et quel est celui de l'Anatomie Spéciale ? Aucune hésitation à cet égard ne semble permise : à la première incombera de poser les bases de la méthode anatomique, et de considérer successivement chacun des cinq termes de la progression de composition des parties dans ses propriétés génériques, dans tout ce qu'il offre de général, c'est-à-dire de commun aux diverses espèces corrélatives ; et c'est la considération individuelle de chacune de ces espèces — c'est-à-dire des différentes sortes d'Eléments, des différentes sortes de Tissus, etc. — qui devra constituer le lot de la seconde.

Mais la funeste équivoque du mot *général* a été cause que la question a été résolue dans un sens tout contraire, contraire à la vérité, contraire à la raison. Bichat était préoccupé surtout par l'étude des tissus, qu'il inaugurait ; et ce qui dans le Tissu pris en soi le frappait principalement, c'est que, sous différentes modifications locales, il s'étend à toutes les régions et à toutes les parties de l'organisme ; c'est-à-dire que, en celui-ci, tout est Tissu ou un composé de Tissus.

De là à conclure que le Tissu est le fonds *commun*, le fonds *général* de l'organisation ; que les Organes et les Appareils, étant figurés, circonscrits et localisés, en sont des parties *spéciales* ; et que, par conséquent, l'anatomie des Tissus constitue l'Anatomie Générale, et que les Organes et les Appareils sont le départe-ment de l'Anatomie Spéciale, — pour des profes-sionnels tout aussi inexpérimentés en logique qu'ex-perts dans le maniement du scalpel, il n'y avait qu'un pas, et ce mauvais pas, ils s'y jetèrent tous à l'envi et les yeux fermés. Pour eux, la science particulière des Tissus, c'est-à-dire l'Histologie, devint alors l'A-natomie Générale !

Cette erreur est la même, et aussi naïve, aussi pe-sante, que celle qui consisterait à instituer Pathologie Générale la science spéciale des maladies dont le siège est dans tout le corps, et que pour cette raison on qua-lifie vulgairement, et même dans un langage scienti-fique relâché, de *générales*, ce mot étant pris ici, bien entendu, dans son acception collective et non dans son acception générique. C'est encore tout comme si on voyait la Chimie Générale dans la science des corps simples, par la fallacieuse raison que les corps simples sont partout et en tout, soit isolément soit en compo-sition, tandis que les corps composés n'ont qu'un do-maine limité. C'est également comme si de la science des sons articulés élémentaires — la Phonétique — on faisait la Grammaire Générale, toujours grâce à la même méprise grossière résultant du double sens du mot *général*, le son articulé élémentaire étant jugé dans ce cas comme l'étoffe *générale* de tous les organes grammaticaux !

25. Un dommage incomparable causé par cette extraordinaire bévue a été que, l'Histologie s'étant substituée à l'Anatomie Générale en usurpant son titre et sa place, celle-ci, et en même temps sa sœur jumelle la Physiologie Générale, ont disparu du programme biologique, où leur absence fait le même vide que ferait dans les mathématiques la suppression de l'algèbre.

Non seulement le désastreux lapsus du grand Bichat n'a pas été relevé et corrigé par ses continuateurs, mais ceux-ci par surcroît l'ont érigé en dogme, en ont fait un article de foi scientifique ; et l'erreur ainsi prêchée *ex cathedra* par les Flourens, les Claude Bernard, les Charles Robin, les Littré, etc., s'est fait accepter partout, de telle sorte que les biologistes de tout pays et de toute langue répètent de confiance, d'après nos autorités, que l'anatomie générale et l'histologie ne font qu'un; d'où cette conséquence pratique, que toute l'attention, tout l'intérêt, et toutes les recherches des physiologistes et anatomistes se trouvent absorbés par l'étude de la Cellule et de ses composés primaires, tandis que l'Organologie, cette région supérieure et souveraine de la science, reste pour eux tous à l'état de *terra ignota*, dont on ne soupçonne même pas l'existence.

Depuis quarante ans passés, celui qui écrit ces lignes s'efforce avec ténacité de leur ouvrir les yeux sur ce point; mais l'expérimentalisme et le positivisme leur ont façonné l'esprit de telle sorte qu'aucune idée théorique, qu'aucune idée générale de méthode ne peut plus y trouver accès. Quel espoir la philosophie de la science pourrait-elle donc fonder sur des savants qui, même à l'heure actuelle, et jusque dans les chaires les plus hautes de l'enseignement universitaire, se déclarent les partisans intransigeants, intraitables, irréductibles, de la fameuse doctrine de Magendie, qui est la proscription formelle du raisonnement [1]?

26. On peut juger par ce qui précède que l'équivoque du mot *général* est un vrai péril pour la science, qu'il en résulte de déplorables conséquences, et qu'en résumé ce n'est pas impunément qu'est méconnue la différence profonde qui sépare l'un de l'autre l'Ordre Générique et l'Ordre Collectif.

27. Le plus parfait, le plus admirable modèle de classement par Composition ou Collectivité nous est offert

---

1. Magendie a formulé ce précepte :

« Des expériences, rien que des expériences, sans mélange de raisonnement » (*Eloge académique de Magendie* par CLAUDE BERNARD).

Les déclarations ci-après du titulaire actuel de la chaire de physiologie de la Faculté de médecine de Paris, sont à méditer :

« Rien ne vaut une bonne expérience, et les conceptions les plus hardies sont moins qu'un petit fait bien positif. A mesure que j'avance en âge, mon aversion pour les théories, les conceptions, les vues d'ensemble, les systématisations, les principes, va en augmentant, ainsi que mon respect et mon amour pour le fait, le phénomène, l'expérience. » CHARLES RICHET. *Revue philosophique*, numéro d'avril 1891. Voir, dans la même Revue, mes articles aux numéros de novembre 1890 et de juin 1891, reproduits dans une brochure, *L'Idée et le Fait en Biologie*. Paris, 1898, librairie Alcan.

dans notre système de numération, ce système, d'autant plus merveilleux qu'il est plus simple, qui nous permet, au moyen de quelques noms et de quelques signes graphiques seulement, d'exprimer tous les nombres possibles, de les faire entrer tous, bien qu'ils soient sans limite, dans une petite case de notre cerveau, et de les assujettir à la loi du calcul, quelque étendus et quelque complexes qu'ils puissent être.

L'idée de l'unité est le fondement de la notion de nombre ; l'idée de l'unité et l'idée de la pluralité sont d'ailleurs co-existantes et primordiales. Le nombre, c'est-à-dire la pluralité mesurée, se forme et s'accroît par la répétition de l'unité, par son addition à elle-même, ou à la somme d'unités déjà formée.

Considérés à un certain point de vue, les nombres sont purement des noms servant à exprimer d'une manière *implicite* toute mesure de pluralité. Sans les noms de nombre, pour énoncer la mesure d'une pluralité donnée, de ce que nous appelons *cinq*, par exemple, nous serions réduits à exposer *explicitement* la série des unités composantes du groupe, ce qui donnerait : $1 + 1 + 1 + 1 + 1$. Que serait-ce s'il fallait exprimer ainsi des cents, des mille, des millions, des milliards !

La valeur d'une pluralité étant rendue par le mot *cinq*, s'agit-il de faire reconnaître la notation conventionnelle 6 par laquelle nous décidons de représenter la pluralité 5 accrue de l'unité ? Au lieu de la formule explicite : $6 = (1 + 1 + 1 + 1 + 1) + 1$, nous écrirons plus simplement : $6 = 5 + 1$...... Mais je juge inutile d'insister davantage sur l'utilité de la distinction nominative des nombres, tout en ajoutant que, sans elle, nous serions réduits, sous le rapport de la capacité arithmétique, à la condition des autres animaux, qui, faute d'un langage articulé bien plus que par défaut d'ampleur cérébrale, ne peuvent compter au delà du nombre dont ils ont l'intuition sensible.

Cependant, si un nom distinct et purement individuel devait être attribué à chaque nombre, il en résulterait une suite sans fin de noms différents et sans connexion qui, pussent-ils se caser dans la mémoire, cesseraient de parler à l'esprit dès qu'on atteindrait des nombres un peu forts, qui alors n'évoqueraient en lui aucune idée saisissable de la valeur exprimée, et perdraient par le fait toute signification, toute utilité.

Pour rendre la numération et le calcul possibles, il a fallu s'élever à la conception d'une classification systématique des nombres et la réaliser. Ce résultat a été obtenu par le procédé suivant :

On a pris les dix premiers nombres (douze eût été mieux) et un nom quelconque a été arbitrairement assigné à chacun d'eux. Puis de ces dix premiers nombres (l'unité y comptant pour un) on a fait pour ainsi dire un paquet ; et ce paquet de dix unités simples est devenu lui-même une unité composée. Et en second lieu on a opéré sur celle-ci comme on avait opéré sur celles-là : on l'a ajoutée neuf fois à elle-même, en donnant à chacun de ces nombres d'unités composées des noms dérivés de ceux qu'on avait affectés aux nombres correspondants d'unités simples, et équivalant à dire : Un paquet de dix unités simples, ou *une* dizaine ; deux paquets de dix unités simples, ou *deux* dizaines ; etc., etc. Puis, les dix dizaines ou petits paquets primaires de simples unités ayant été réunis à leur tour en un gros paquet de paquets, celui-ci est devenu pareillement une unité composée d'un rang supérieur, que l'on a appelée *centaine*. Et opérant sur l'unité centaine comme on l'avait fait déjà sur l'unité dizaine, et ainsi qu'on avait commencé tout premièrement à le faire pour l'unité pure, on a compté : *une* centaine, *deux* centaines, *trois* centaines, *quatre* centaines, *cinq* centaines, etc. , et ainsi de suite *ad infinitum,* sans jamais sortir de nos premiers dix noms de nombre, ou de leurs dérivés abréviatifs. Car *onze* (undecim), *douze* (duodecim), *treize* (tredecim), *quatorze* (quatuordecim), etc., sont des abréviations pour *dix et un*, *dix et deux*, *dix et trois*, *dix et quatre*, etc. ; *vingt* (viginti = *sansc.* vinçati = dvi-daçati, *deux fois dix*) l'est pour *deux dizaines*, *trente* (triginta = *sansc.* tri-daçati, *trois fois dix*) pour *trois dizaines*, etc.

Il est vrai que les termes *cent* et *mille* font disparate à cette nomenclature méthodique des nombres, ne dérivant d'aucun des dix noms de nombre fondamentaux ; c'est une tache d'empirisme barbare dans notre système de numération scientifique. Une méthode rigoureuse commanderait de dénommer toute puissance de 10 par le mot *dix* complété par un affixe dérivé du nom du nombre fondamental correspondant, et qui serait comme l'exposant de cette puissance no minalement exprimée.

28. Oui, notre système de numération réalise l'idéal de l'Ordre Collectif, autrement dit de composition progressive par multiples. Toutefois, l'Ordre de Généralité y entre pour une part secondaire, ainsi qu'il le

fait du reste pour tous les systèmes de classification basés principalement sur l'un des autres Ordres. En effet, si l'unité simple entre comme partie composante dans l'unité Dizaine, et celle-ci à son tour pareillement dans l'unité Centaine, et ainsi de suite, à l'instar de ce qui a lieu dans la série anatomique, où nous avons vu l'Élément être le sous-multiple du Tissu, celui-ci être le sous-multiple de l'Organe, et ce dernier être le sous-multiple de l'Appareil, un autre rapprochement est encore à faire entre les deux systèmes. De même que dans cette progression de composition anatomique chaque terme, en même temps qu'il est un multiple de celui qui le précède est aussi un *genre* auquel vient se rattacher tout un groupe d'*espèces* congénères, on peut dire semblablement que chacun de nos premiers dix noms de nombre est un nom de genre, un nom général, au sens générique, applicable à toutes les espèces d'unités composées, quel que soit leur degré de composition, c'est-à-dire à l'unité simple, à l'unité dizaine, à l'unité centaine, à l'unité mille, etc.

**

29. A ne considérer, j'y insiste, dans une série de Composition progressive, que le rapport qui lie les termes successifs entre eux, sans avoir égard aux rapports différents qu'ils peuvent soutenir en même temps avec des termes collatéraux, une telle série appartient purement à l'ordre Collectif; mais le plus souvent elle est en même temps Générique. Ceci se produit quand chaque terme de la série est apte à représenter sous une appellation commune les divers éléments du collectif qui lui est immédiatement supérieur. Ainsi, dans

la série décimale indéfinie, le mot *unité* s'applique à tous les éléments de la dizaine ; le mot *dizaine* s'applique à son tour à tous les éléments de la centaine ; le mot *centaine*, à tous les éléments du mille; etc. Mais il est des cas où l'ordre de composition semble s'offrir exempt de tout mélange avec l'ordre de généralité. Tels ceux où les éléments formateurs du composé sont des objets hétérogènes ne comportant pas d'étiquette commune, comme, par exemple, dans le partage d'un mobilier, des bric-à-brac de toute sorte qui ont été réunis et classés ensemble par suite de circonstances fortuites et d'après des considérations étrangères à la nature des choses.

Non, quand il s'agit de l'ordre de Composition, l'homogénéité entre les co-parties d'un tout n'est pas de rigueur. Dans la progression de composition systématique des nombres — qu'ils soient abstraits ou concrets — les unités composantes de chaque composé sont nécessairement de même nature. Mais en revanche quelle homogénéité, quelle unité de nature peut-on découvrir entre les éléments premiers d'une bâtisse, soit entre le sable, la chaux et l'eau qui forment le mortier ; puis entre le mortier et la pierre ou la brique, qui concourent à la composition du mur ? Quelle homogénéité naturelle, c'est-à-dire quelle ressemblance, quelle unité foncière de nature peut-on percevoir entre le soufre, l'oxygène et l'eau, qui composent l'acide sulfurique ; et entre l'acide sulfurique et l'oxyde de cuivre, qui forment la composition du sulfate de cuivre ? En tout cas, le rapport de ressemblance graduée, qui est le lien essentiel des unités dans les groupes, dans l'ordre de Généralité, cesse d'être obligatoire quand il s'agit de l'ordre Collectif ou de Composition ; et même ici, ce qui prévaut, c'est plutôt l'hétérogénéité.

30. Contre le principe de la distinction des deux ordres de Généralité et de Collectivité on objectera que les groupes formés en vertu de la loi du premier sont des collections d'unités de différents degrés rentrant progressivement les unes dans les autres, comme cela a lieu pour les groupes de l'ordre collectif proprement dit ; que, par exemple, les espèces animales Cheval, Zèbre, Ane, Hémione, etc., concourent à constituer le genre *Equus* de la même façon que les cinq Doigts, le Métacarpe et le Poignet concourent à former la Main. L'objection est spécieuse, et la réponse que j'ai à y faire réclame toute l'attention du lecteur.

Les groupes de Généralité (ou de Ressemblance) sont purement des vues de l'esprit, sont des êtres de raison ; les groupes de Collectivité sont des entités réelles, de véritables objets, des totaux de parties faisant corps, et s'offrant comme des individus au sens le plus concret. Le groupe de Généralité est ouvert, le nombre de ses unités composantes en est indéterminé et est indifférent à son intégrité. L'espèce Cheval, le genre *Equus*, sont des groupes de cet ordre : que tous les Chevaux disparaissent, sauf un seul, et ce seul individu sera suffisant pour constituer son espèce ; et l'espèce sera entière en lui et par lui tout comme si elle était représentée par des milliers et des millions d'individus. Que de tous les membres du groupe *Equus* il ne reste que l'Ane, et que de tous les Anes il ne survive plus que maître Aliboron, et le genre *Equus* n'en subsistera pas moins en lui, bien que réduit maintenant à une seule espèce, et à un seul exemplaire de cette espèce. Au contraire, si d'un groupe Collectif de n'importe quel degré nous retranchons une seule de ses unités composantes, le composé en est altéré, il a perdu son intégrité, il n'est plus lui-même. D'une dizaine retranchons une unité, ce n'est plus une dizaine ; d'une centaine retranchons une dizaine, ou même une seule unité simple, ce n'est plus une centaine. Nous avons réduit l'unité — simple ou composée — à l'état de fraction. Ce n'est non plus qu'une fraction de main qui nous reste si nous en supprimons les doigts ; ce n'est qu'une fraction du membre supérieur qui nous reste, si nous en supprimons la main. Et que restera-t-il d'un sel si nous en éliminons la base ou l'acide ? Et que restera-t-il de la base ou de l'acide si nous le réduisons à un seul de ses éléments ? Que deviendra la phrase, si nous lui enlevons un membre ? Que deviendra le membre de phrase, si nous lui ôtons le verbe, le sujet, ou le régime ? Que deviendra le mot, si nous en biffons certaines lettres ?

Notons encore cette forte différence entre le groupe de Généralité et le groupe de Collectivité : les unités qu'embrasse le premier ne sont que des sous-types particuliers d'un type général commun. Ce ne sont pas des parties liées entre elles par le ciment d'une organisation systématique, et c'est là au contraire un des caractères essentiels du groupe de Collectivité, que ses éléments n'arrivent à le constituer qu'à la condition d'être synthétisés.

31. Pour saisir sous un autre point de vue la différence profonde, mais à certains yeux obscure, qui sépare les deux ordres taxinomiques en question, demandons-nous quelle est la condition des objets à classer de part et d'autre.

Le but, la raison d'être tout entière de la classification, dans l'ordre de Généralité, c'est d'ordonner idéalement une foule confuse d'individus en les groupant — toujours idéalement — en classes progressives, subordonnées et coordonnées, d'espèces et de genres de différents degrés. Ici, les seuls objets à classer, les seuls objets observables, les seuls objets vrais, ce sont les unités premières de l'ensemble. Dans l'ordre Collectif, au contraire, les unités composées, les groupes, sont de véritables objets d'observation et de classement au même titre que les unités composantes.

Dans le premier de ces deux Ordres, les groupes n'existent qu'autant qu'ils sont formés par l'esprit du classificateur ; dans le second, les groupes s'offrent tout faits, réellement faits ; il n'y a plus qu'à les reconnaître. Rencontrer et observer l'Animal en général, l'Arbre en général, le Métal en général, en l'absence de tout animal particulier, de tout arbre particulier, de tout métal particulier, est une évidente chimère. Et espérer trouver sur ses pas l'Embranchement des Vertébrés, la Famille des Crucifères, la Classe des Métalloïdes ou la Classe de Fébrifuges, en tant qu'agrégats effectifs placés en blocs distincts sous nos yeux par la nature, ne serait guère moins illusoire. Mais un corps composé, le Bicarbonate de soude, je suppose, s'offre à notre vue d'emblée sans que nous ayons à le constituer mentalement par un rapprochement imaginaire de ses éléments dispersés. De même un Édifice, un corps de Bâtiment, une Voûte, un Mur, tombent d'eux-mêmes sous les sens de l'observateur sans qu'il soit astreint à réunir par la pensée les matériaux formateurs ou les parties constitutives de ces divers composés.

32. Dans la pratique, toutefois, la distinction entre l'ordre de Généralité et celui de Collectivité est quelquefois délicate. Par exemple, l'Arithmétique, l'Algèbre, la Géométrie, sont-elles des *espèces* de la Mathématique, ou en sont-elles des *parties?* On comprend toute l'importance d'une telle question au point de vue de la classification des sciences. Pour la résoudre, il faut arrêter exactement la valeur conventionnelle des mots. Si dans cette expression : *les Mathématiques*, ou *la Mathématique*, on voit une dénomination commune appartenant à la fois, *ex æquo*, à l'Arithmétique, à l'Algèbre, à la Géométrie, de telle sorte qu'on puisse dire de chacune de celles-ci qu'elle est *une* Mathématique, de même qu'on dit qu'elle est *une* Science, alors le nom *Mathématique*, à l'instar du nom *Science*, est générique, et les noms *Arithmétique*, *Algèbre*, *Géométrie* sont ses spécifiques corrélatifs.

Cette dernière acception pourrait invoquer en sa faveur la pluralité du mot *les mathématiques* ; néanmoins elle n'a pas cours. L'idée qu'on se fait communément des Mathématiques, c'est celle d'un corps de science dont l'Arithmétique, l'Algèbre, etc., constituent les membres.

Mais ne peut-on pas raisonner ainsi également au sujet du mot *Science* lui-même? Quand on dit : *la* Science, l'esprit est en effet en droit de se demander s'il s'agit par ce mot du corps entier, d'un corps systématique et intégral des connaissances humaines, ou s'il faut le prendre comme un nom commun indistinctement applicable à un groupe quelconque de ces connaissances.

Les deux termes sont ambigus, ils sont à double sens. Comme les mots *Animalité, Humanité, Parenté*, dont nous nous sommes déjà occupés, on peut les employer à la fois au sens générique et au sens collectif, mais on ne doit le faire qu'à bon escient.

33. Après avoir divisé la notion confuse de généralité en Généralité Générique ou métaphysique et Généralité Collective ou réelle, il nous reste encore à subdiviser cette dernière, car on la rencontre sous deux formes très distinctes.

Quand on dit que le corps vivant est un organisme général par rapport aux organismes particuliers qu'il renferme, en ce cas *général* est l'équivalent de *total*, et *particulier* l'équivalent de *partiel*. C'est le rapport du tout à la partie et celui de la partie au tout, qui se trouvent exprimés par ces deux qualificatifs contraires.

Mais est-ce le même rapport qui, cette fois, est rendu par le mot *général* dans cette énonciation que la cellule est l'élément général de tout corps organisé ? Certes, ici encore le mot est pris au sens réel, et non au sens métaphysique ; mais ce qu'il qualifie, ce n'est plus le tout vis-à-vis des parties, mais un attribut afférent au tout. Ainsi, dans le présent exemple, ce n'est pas le corps, qui est dit général par rapport à l'élément cellule ; c'est, à l'inverse, l'élément cellule qui est dit général relativement au corps. Ce n'est donc pas au composé que s'applique cette fois la qualification de général, c'est au composant.

Cependant, mettons-nous en garde contre les illusions auxquelles nous expose sans cesse l'imperfection du langage. Quand nous disons que *la* cellule est l'élément général de l'organisme, cet article singulier ne s'applique pas à une certaine cellule individuelle — car autrement ce serait dire que le corps et la cellule ne font qu'un — mais à la cellule en général. C'est comme si on disait : Toutes les parties du corps sont formées de cellules. Ou encore — et cette formule a l'avantage de s'adapter exactement à notre définition — cela revient à cette expression : L'élément cellulaire est commun à toutes les parties du corps.

34. Résumons-nous :

1º La Généralité Générique ou métaphysique est celle du nom commun, qui est univoque à toutes les espèces du genre ou à tous les individus de l'espèce, que ce nom désigne. Exemple : *Corps* est général au sens générique par rapport à *Corps inerte*, et à *Corps vivant* ; et ce dernier est également général au sens générique par rapport à *Corps végétal* et à *Corps animal*.

2º La Généralité Collective ou réelle *du sujet* s'applique au Tout, c'est sa totalité. Exemple : Le corps humain est un organisme général composé d'organismes particuliers.

3° La Généralité Collective ou réelle *de l'attribut* se rapporte, non au Tout lui-même, mais à l'un quelconque de ses attributs, soit essentiels soit accidentels, qui est présent, soit dans la totalité, soit dans le plus grand nombre de ses parties. Exemple : La cellule est l'élément général de l'organisme. Ou encore : La vie nutritive est la propriété générale des végétaux et des animaux ; La sensibilité et la motilité sont des propriétés générales de l'animalité : La brachycéphalie est générale chez l'homme du Plateau central ; La carie dentaire est générale chez les habitants du Ségala rouergat.

35. Les erreurs les plus graves se sont glissées dans les classifications concrètes par suite de la méconnaissance de ces distinctions de taxinomie abstraite. L'une de ces erreurs est monumentale ; c'est celle de Bichat dans sa classification anatomique (v. ci-dessus, 23), erreur énorme, palpable, indiscutable, que je m'évertue depuis près d'un demi-siècle à signaler, à démontrer, à exposer sous tous ses aspects, aux anatomistes et aux physiologistes, sans que je puisse me flatter de m'être fait comprendre de plus d'une demidouzaine d'entre eux. Littré, Stuart Mill, comme je l'ai fait voir plus haut, ont pataugé à qui mieux mieux sur la question de généralité faute de notre critérium. Et le célèbre Herbert Spencer, dans sa *Classification des sciences*, dont me tombe sous la main la 6ᵉ édition traduite en français par F. Rethoré [1] (1 vol. in-18,

1. *Op. cit.*, p. 9.

Paris, 1897, librairie Félix Alcan) a-t-il évité l'écueil où les non moins illustres pilotes que je viens de nommer ont donné en plein ? Ah ! vraiment non. Mais comme je me propose de m'occuper plus spécialement de son œuvre dans un chapitre subséquent, je pourrai me borner à dire ici que, sur ce point, ainsi que sur beaucoup d'autres, Spencer a erré tout autant que ses devanciers. Je tiens pourtant à donner dès à présent une première preuve de ce que j'avance.

Discutant la classification des sciences d'Auguste Comte qui, comme on sait, les divise en « abstraites ou générales » et, en « concrètes », Herbert Spencer paraît méconnaître totalement la Généralité au sens générique ou métaphysique, et ne concevoir que la généralité que nous avons appelée collective ou réelle. Il s'exprime ainsi :

« Ce qui nous entoure, dit-il, nous fournit des milliers de vérités générales qui ne sont nullement abstraites. C'est une vérité générale que les planètes tournent autour du soleil de l'ouest à l'est, vérité dont nous avons une centaine d'exemples environ sous les yeux ; mais cette vérité n'est point du tout abstraite, puisque, dans tous les cas, elle se réalise dans un phénomène concret. Tous les vertébrés ont un double système nerveux, tous les oiseaux et les mammifères ont un sang chaud. Voilà autant de vérités générales, mais concrètes [1]. »

1. *Op. cit.*, p. 9.

V

ORDRE DE HIÉRARCHIE

36. Ce que je nomme l'Ordre de *Hiérarchie* a incontestablement droit à une place à lui dans les cadres de la Taxinomie générale. C'est en effet un ordre de classification bien distinct, qui se fonde sur une nature de rapports tout à fait autres que ceux qui servent de base, soit à l'ordre de Généralité, soit à l'ordre de Collectivité. Qu'est-il donc au juste? Avant d'essayer d'en donner la définition exacte, il est, je crois, à propos de présenter un aperçu descriptif de la chose.

37. Nous venons de nous étendre assez longuement sur l'ordre Collectif ou de Composition ; nous savons que les objets sur lesquels il table sont dans la relation du composant au composé, de la partie au tout, et réciproquement ; et que de tels objets peuvent se superposer en séries progressives plus ou moins étendues, dont chaque terme est en quelque façon un multiple de celui qui le précède, et un sous-multiple de celui qui le suit. Supposons maintenant que chacun des composés de cette progression *ait à sa tête* l'un de ses éléments, un élément en vedette, privilégié, hors ligne, exerçant une prépondérance sur le groupe entier,

en un mot (ce mot pris dans sa plus large acception) :
un *chef*.

Le rang de chaque Chef dans la progression de Collectivité sera son *grade*. Nous aurons dès lors une série progressive de Grades correspondante à la progression de collectivité. Et la désignation de chaque grade sera une expression générique s'étendant à toutes les espèces de chefs titulaires dudit grade, et à tous les individus de la catégorie.

Ainsi, la Série Hiérarchique n'est autre que la série progressive des Grades. Il sera intéressant de montrer par quels caractères propres elle se différencie de la série de Généralité et de celle de Collectivité. C'est ce que nous essayerons de faire tout à l'heure.

⁂

38. La nature a placé devant nos yeux un exemple de l'Ordre de Hiérarchie incomparablement magnifique et sublime : notre système solaire d'abord, et puis son prolongement hypothétique, mais présumable, en un système sidéral d'une inimaginable immensité, qui constituerait une collection progressive dont le nombre des degrés de même que sa masse défieraient tout calcul. Or ces groupes systématiques de globes célestes de tout rang ont chacun leur Chef, un astre central, qui est, en premier lieu, la Planète entourée de ses Satellites (lesquels à la vérité font parfois défaut) ; qui est, en second lieu, le Soleil pour le groupe de ses planètes individuellement suivies de leur cortège ; qui est enfin, d'après une hypothèse non dépourvue de sérieuses probabilités, une suite de soleils dont chacun, entouré de sa légion d'astres subordon-

nés, n'est à son tour que l'humble suivant d'un autre astre son supérieur immédiat et chef de tout un corps de « l'Armée céleste », dont le contingent du premier fait partie.

A côté des œuvres de la nature, les sociétés humaines nous offrent à leur tour des corps artificiels de composition progressive où l'ordre Hiérarchique se greffe également sur l'ordre Collectif, et où il nous sera plus facile de l'observer sous ses formes variées et dans ses détails. Sous ce rapport, l'organisation militaire nous fournit le sujet de démonstration le plus parfait.

39. L'Armée est un composé progressif dont le premier composant, l'unité fondamentale et irréductible, est le Soldat. Le premier groupe formé par une agglomération directe d'unités Soldat constitue l'Escouade ; un groupe d'escouades forme la Section ; un groupe de sections forme la Compagnie ; un groupe de compagnies, le Bataillon ; un groupe de bataillons, le Régiment ; un groupe de régiments, la Brigade ; un groupe de brigades, la Division ; et enfin l'Armée est parfaite par la réunion d'un certain nombre de divisions.

Ce système concret de collectivité progressive — l'Armée — ne différerait pas foncièrement, schématiquement, de ceux que nous avons considérés comme exemples dans le précédent chapitre, s'il ne s'y ajoutait un élément taxinomique tout nouveau, qui manque à ces derniers. Ceux-ci, en effet, et tous leurs pareils, nous offrent simplement des groupes de différents degrés de formation, sans qu'aucun de leurs éléments se distingue et se sépare nettement de tous les autres par une prééminence quelconque. En d'autres termes, *ici* nous rencontrons purement des groupes, nous ne rencontrons pas de Chefs ; *là*, au contraire, chaque groupe a une tête, et la série de ces têtes de groupe forme une progression Hiérarchique parallèle à la progression Collective des groupes. Le tableau synoptique qui suit rendra cette corrélation sensible.

CLASSIFICATION MILITAIRE

Ordre Collectif.	Ordre Hiérarchique.
DEGRÉS	DEGRÉS
Suprême. — Armée.	*Suprême.* — Généralissime.
7. — Division.	7. — Général de Division.
6. — Brigade.	6. — Général de Brigade.
5. — Régiment.	5. — Colonel.
4. — Bataillon.	4. — Commandant.
3. — Compagnie.	3. — Capitaine.
2. — Section.	2. — Sergent.
1. — Escouade.	1. — Caporal.
0. — Soldat.	0. — Soldat.

Ce tableau met en saillie la différence tranchée, et en même temps la corrélation étroite, existant entre l'ordre de Hiérarchie et l'ordre de Collectivité.

⁎⁎

40. L'ordre Hiérarchique s'accompagne également de l'ordre de Généralité, bien qu'en étant profondément distinct. D'une part, si l'idée de Caporal, de Capitaine, de Colonel, etc. suscite respectivement celle d'Escouade, de Compagnie, de Régiment, etc., — de même dans le nom de chaque grade nous voyons un terme générique s'appliquant à une pluralité d'espèces et d'individus. *Caporal*, par exemple, est un nom

Hiérarchique commun pour les caporaux de toute arme et de toute compagnie, ainsi que pour les caporaux tel et tel. Nous allons maintenant tâcher de faire toucher du doigt les propriétés essentielles et caractéristiques de l'ordre de Hiérarchie en les opposant doublement aux propriétés correspondantes de chacun des deux autres ordres.

41. Mettons d'abord notre ordre de Hiérarchie en parallèle avec l'ordre de Généralité.

Les lois de ce dernier, nous le savons déjà, sont, premièrement, que chacun des termes de ses séries est un nom applicable à tous les termes inférieurs. Soit la série de Généralité croissante : Capitaine de Hussards ; Capitaine ; Officier ; Gradé ; Militaire. *Capitaine de Hussards* se dira de tous les Capitaines de Hussards, mais pas au delà ; *Capitaine* tout court se dira des Capitaines de Hussards, et aussi des Capitaines de Chasseurs, des Capitaines de Cuirassiers, des Capitaines de la Ligne, etc., enfin des Capitaines de toute arme, de toute compagnie, de tout escadron, de toute batterie, et de tous les Capitaines quelconques pris individuellement. *Officier* s'appliquera aux Capitaines, et aux Lieutenants et Sous-lieutenants, et encore aux Commandants, aux Colonels, aux Généraux, à tout ce qui est Officier en un mot. *Gradé* s'étendra aux Officiers, et en même temps aux Sous-Officiers et Caporaux sans distinction, depuis le plus petit Caporal jusqu'au Maréchal de France. Et pour finir, *Militaire* embrassera Gradés et Non-Gradés, c'est-à-dire tous les hommes faisant partie de l'Armée à quelque titre que ce soit.

Revenons maintenant à la série Hiérarchique : Sim-

ple Soldat, Caporal, Sergent, Capitaine, etc. Pourrions-nous dire cette fois semblablement que le terme
supérieur est un titre commun applicable aux termes
inférieurs ; que, par exemple, le Soldat est un Caporal; que le Caporal est un Sergent ; que le Sergent est
un Capitaine,—de même que le Capitaine de hussards
est un Capitaine, que le Capitaine est un Officier,
que l'Officier est un Gradé, etc. ? Question évidemment absurde.

Le contraste des deux ordres est donc, sur ce point,
saisissant. Il ne l'est pas moins sur le point que
nous allons envisager maintenant.

.·.

42. Une seconde loi de l'ordre de Généralité croissante, c'est que l'extension nominale de chaque terme
est en raison directe de son élévation dans la série,
ou, pour être plus clair, c'est que le nombre et la diversité des objets représentés par chaque terme d'une
échelle de Généralité sont d'autant plus grands que
ce terme y occupe un degré plus haut. Ainsi, pour
ne pas sortir de nos exemples, le terme le plus élevé
de la série de Généralité des titres applicables aux
divers membres de l'Armée, le titre de *Militaire*, s'é-
tend à la totalité des individus composant l'Armée,
gradés ou non-gradés ; le titre de *Gradé*, qui appartient à l'échelon immédiatement inférieur (de même
que celui de *Non-Gradé*), n'embrasse déjà plus qu'une
portion de l'Armée, les Militaires qui ont un grade.
Le terme suivant, le titre d'*Officier*, a une extension restreinte à une seule classe de Gradés ; le
titre d'*Officier Supérieur*, à une seule classe d'Offi-

ciers ; le titre de *Colonel*, à une seule classe d'Officiers supérieurs ; le titre de *Colonel de Cavalerie*, à
une seule classe de Colonels ; etc. Or la série Hiérarchique correspondante présente justement des rapports inverses. Ainsi, le titre de Généralissime,qui est
le plus élevé, ne s'étend qu'à un seul individu, et les
termes subordonnés ont d'autant moins d'extension
nominale que leur rang dans l'échelle des grades est
plus haut : le titre de Général n'a qu'un petit nombre
de titulaires ; celui de Colonel en a un plus grand
nombre ; celui de Capitaine, un plus grand nombre
encore ; et ainsi de suite jusqu'au grade négatif de
Simple Troupier, qui, à ce même point de vue numérique, l'emporte incomparablement sur tous ses supérieurs.

43. Une troisième loi de l'ordre de Généralité consiste
en ceci : c'est que plus le terme de la progression est
élevé, et moins il *comprend* des caractères ou attributs constituant la nature des objets concrets auxquels il s'*étend*. C'est ainsi que — pour ne pas changer d'exemples — nous voyons que le terme *Militaire*,
qui est le plus général de la série, ne « comprend »
que le groupe relativement très réduit des caractères
communs aux titres de Généralissime et de Simple
Soldat, de Fantassin et de Cavalier, d'Artilleur et de
Gendarme ; — tandis que le terme le plus bas, c'est-
à-dire le plus particulier, celui de *Colonel du 6ᵉ Dragons*, comprend à la fois les qualités de Militaire, celles de Gradé, celles d'Officier, celles d'Officier Supérieur, celles de Colonel, celles de Colonel de Dragons,

et enfin les qualités individuelles, toutes personnelles, de Monsieur tel ou tel, titulaire actuel de l'emploi de Colonel du 6ᵉ Dragons.

Retournons à notre série Hiérarchique. Ici, à proprement parler, la gradation de *compréhension* n'a rien à voir, car les termes de la série ne se différencient pas par le nombre relatif de leurs caractères constituants, et doivent être considérés comme ayant tous le même rang sous le rapport générique. J'entends par là que si en disant : Général de Division, Général de Brigade, Colonel etc., nous visons un individu, c'est aussi un individu déterminé que nous visons en disant : Simple Soldat, Caporal, Sergent, etc.; et que si, au contraire, par un quelconque de ces mêmes derniers termes nous entendons désigner une espèce (espèce de Soldat, espèce de Caporal, espèce de Sergent, etc.), c'est également une espèce qui sera désignée par un des premiers (espèce de Général de Division, espèce de Général de Brigade, espèce de Colonel, etc.).

Cependant, la mise en regard des deux ordres de séries nous découvre en même temps, dans celle de Hiérarchie, une loi qui est comme un analogue de celle de Compréhension, mais avec cette piquante différence qu'elle s'applique à rebours de cette dernière, ainsi que nous venons de voir le cas se produire pour la loi d'Extension.

Dans la progression Hiérarchique proprement dite, ce qui progresse, c'est l'étendue de l'autorité attachée à chacun des grades successifs, autrement dit c'est la quantité comparative de subordonnés sur lesquels cette autorité s'exerce. Eh bien, de même que dans la progression de Hiérarchie l'extension nominale va croissant du sommet à la base, à l'inverse de ce qui a lieu dans la progression de Généralité, par un renversement semblable la quantité de subordonnés compris sous l'autorité correspondante à chaque degré Hiérarchique va croissant du plus bas au plus élevé, alors que, dans l'ordre Générique, la compréhension d'attributs va au contraire diminuant dans le même sens.

44. Arrivons à la comparaison de la série de Hiérarchie avec la série de Composition. Comme la précédente, elle offre des analogies et des contrastes curieux à relever.

Dans la série Collective, la relation des termes est celle de multiples ou composés pour les supérieurs vis-à-vis des inférieurs, et celle de sous-multiples ou composants pour les inférieurs par rapport aux supérieurs. Ainsi, — en reprenant un exemple dont nous nous sommes déjà servis — l'Armée se compose de Divisions ; les Divisions, de Brigades ; les Brigades, de Régiments ; les Régiments, de Bataillons ; les Bataillons, de Compagnies ; les Compagnies, de Sections ; celles-ci, d'Escouades ; et enfin, ces dernières, de Soldats. Et, réciproquement, le Soldat est partie et composant immédiat de l'Escouade ; l'Escouade, *idem* de la Section ; la Section, *idem* de la Compagnie ; ..... et enfin la Division est partie et composant immédiat de l'Armée.

Maintenant, retrouvons-nous rien de comparable dans les liens qui rattachent entre eux les degrés de la série de Hiérarchie ? Non certes, car on ne saurait dire que le Généralissime est un composé de Généraux de Division ; que le Général de Division est un composé de Généraux de Brigade, etc.; ou, réciproquement, que le Simple Soldat est partie constituante du Caporal ; que le Caporal est partie constituante du Sergent; et ainsi de suite. Toutefois, la série de Hiérarchie offre avec la série de Composition un trait remarquable d'analogie renversée tel que ceux que nous avons déjà constatés en la comparant à la série de Généralité.

Tandis que le terme le plus haut de la série de Collectivité (soit l'Armée) représente la totalité des individus de la collection, le terme correspondant de la série de Hiérarchie (soit le Généralissime) n'en représente qu'un seul, et ce renversement de rapports se continue d'un bout à l'autre de l'échelle. Ainsi, par exemple, le grade de Capitaine appartient à un plus grand nombre de militaires que le grade de Colonel, et le grade zéro de Simple Soldat est celui de toute la hiérarchie qui possède le plus grand nombre de titulaires, tandis que le plus bas terme de la série Collective (qui se trouve être également le Soldat) ne compte dans l'ensemble que pour une simple unité primaire.

VI

ORDRE DE GÉNÉALOGIE ET D'ÉVOLUTION

45. Les classifications *Généalogiques* tirent leur première origine du droit successoral et de l'histoire, où leur utilité n'a pas besoin d'être démontrée. En sus, cet ordre taxinomique a pris possession, dans ces derniers temps, de deux nouveaux et importants domaines dont la légitime propriété ne peut plus lui être contestée : l'Histoire naturelle des êtres vivants, et la Linguistique. Il convient d'y ajouter en outre la Sociologie. C'est à ces trois points de vue surtout qu'il nous paraît intéressant de l'étudier.

L'Ordre Généalogique classe les objets d'après leurs rapports de *parenté*. Mais que faut-il entendre par la Parenté ? Prise dans une haute acception qu'elle nous semble comporter, cette catégorie n'a pas trait seulement à la génération « naturelle », à la génération proprement dite ; on peut l'étendre logiquement à d'autres genèses qui ont de réelles analogies de forme avec cette derni ère, bien qu'en différant entièrement au fond.

Qu'on l'entende au propre ou au figuré, la Parenté repose sur les relations d'origine qui unissent entre eux l'Ascendant et le Descendant, et le Collatéral au Collatéral. Elle est donc un *genre* s'offrant sous trois *espèces* ou *modes* différents : Ascendance, Descendance, Collatéralité.

En sus de ses trois modes, la Parenté a en outre ses
degrés; et chaque rapport particulier de Parenté pourrait en quelque sorte être dit le produit d'un de ces
modes par un de ces degrés.

.·.

46. L'ordre de Généalogie, comme tous les autres, a
son élément systématique, sa série. Mais la Série
Généalogique n'est ni une progression géométrique,
— comme celle de l'ordre de Composition, où chaque terme est un multiple du terme précédent — ni
une progression arithmétique, telle que celle de Généralité ou de Hiérarchie — où chaque terme offre un
simple accroissement d'*extension* ou de *prééminence*
sur celui qui le précède — ; la série Généalogique est
purement une *succession* dont les termes ne diffèrent
nécessairement les uns des autres qu'en ce que chacun *procède, provient, émane*, du terme immédiatement antérieur, et est à son tour la *source*, l'*origine*
prochaine du terme qui le suit immédiatement.

Chacune de ces émanations ou *générations* progressives marque un Degré Généalogique.

.·.

47. La Parenté physiologique ou naturelle est sans
doute le prototype des autres ordres concrets de Parenté, tels que la parenté des langues, la parenté des
sociétés, et celle des espèces botaniques ou zoologiques, qui n'en sont à vrai dire qu'une image analo-
gique. Cependant, lorsque les généalogistes ont eu
à débrouiller le chaos des rapports particuliers de la
parenté civile, les ramener à leurs éléments essen-

tiels et les coordonner, ils ont été conduits à concevoir un système généalogique plus abstrait, et c'est dans la figure de l'arbre qu'ils se sont accordés à en voir le schème.

Le tronc ou souche de l'arbre représente ce que la langue du droit appelle « l'auteur commun », le premier ascendant considéré.

Les premières branches, les « mères branches », émises par ce tronc, figurent les descendants du 1ᵉʳ degré, les Fils ou Filles, ainsi désignés par rapport à leur ascendant immédiat.

Considérées dans leurs rapports réciproques, ces branches seront des Sœurs (nous dirions des Frères si les caprices du vocabulaire avaient voulu que le mot *branche* fût masculin). Chacune de ces branches primaires donnant naissance à plusieurs branches secondaires, devient la Mère de celles-ci, qui sont conséquemment ses Filles. Elles sont en même temps, « en ligne directe », les Petites-Filles de la souche commune, qui réciproquement est leur Grand'-Mère. Dans l'ordre collatéral, elles sont des Sœurs l'une pour l'autre ; elles sont des Cousines Germaines pour les branches secondaires portées par les autres branches primaires, lesquelles sont leurs Tantes, et dont par réciprocité elles sont à leur tour les Nièces.

.·.

48. Les rapports de Parenté en ligne directe, c'est-à-dire d'Ascendant à Descendant, et de Descendant à Ascendant, sont très simples : pour nous servir d'une comparaison mathématique, nous dirons qu'ils sont fonction d'une seule variable, le Degré généalogique.

Si les variations de la Parenté n'appartenaient qu'à cette classe, la détermination de tout rapport généalogique particulier se réduirait à compter les générations qui séparent les deux termes en présence. Car l'arbre généalogique ne serait plus qu'un stipe, c'est-à-dire une échelle unilinéaire de degrés d'accroissement. Mais l'élément Collatéralité complique grandement le problème ; il fait de l'arbre généalogique, au lieu d'une tige simple et unie de monocotylédone, une masse touffue et en apparence inextricable de branches, de rameaux et de ramuscules enchevêtrés, qui serait pour l'analyse un labyrinthe sans espoir si la méthode ne venait la munir d'un fil sauveur.

Le droit successoral s'est appliqué sans doute à fixer dans une nomenclature systématique les distinctions de parenté, mais sa classification est imparfaite et tient de l'empirisme autant que de la science. C'est une œuvre à parachever.

.·.

49. Les relations de Collatéralité se partagent très rationnellement, très « naturellement », en deux grandes classes : ce sont, premièrement, celles qui unissent entre eux tous les descendants du commun ancêtre *qui sont séparés de lui par un égal nombre de générations*. Tous ces descendants se rencontrent sur un même *étage*, sur un même *plan généalogique*. On pourrait les dire *uniplanes* et contemporains les uns par rapport aux autres.

Un caractère différentiel bien décisif de cet ordre de parenté, c'est *l'homologie et l'homonymie réciproques des termes du rapport*. Je veux dire par là que, dans cet ordre de parenté, un parent est pour chacun des autres ce que chacun de ceux-ci est pour lui, et qu'ils se qualifient mutuellement du même titre. Ainsi, si A est le Frère de B, C le Cousin Germain de D, E le Petit Cousin de F, réciproquement B sera le Frère de A, D le Cousin Germain de C, F le Petit Cousin de E.

La seconde classe est celle des collatéraux qui appartiennent, les uns relativement aux autres, à des plans généalogiques différents, c'est-à-dire qui sont inégalement distants de l'ancêtre commun. Ce sont des Collatéraux *diversiplanes*, qu'on peut également appeler non contemporains. Cet ordre de collatéralité est caractérisé à son tour par l'*hétérologie* et l'*hétéronymie* réciproques ; ce qui signifie que les parents unis entre eux par un tel lien sont les uns vis-à-vis des autres dans des rapports contraires, et se qualifient mutuellement de noms opposés. Exemple : Si A est l'Oncle de B, B sera réciproquement le Neveu de A ; si C est le Petit-Neveu de D, D à son tour sera le Grand-Oncle de C.

L'hétérologie et l'hétéronymie appartiennent aussi, naturellement, à la parenté en ligne directe : Si A est l'Ascendant de B, B sera le Descendant de A ; si C est le Fils de D, D sera le Père de C ; si E est le Grand-Père de F, F sera le Petit-Fils de E.

. .

50. Nous venons de voir comment la Parenté Collatérale se partage en deux classes, et nous avons précisé les caractères différentiels de ces deux collatéralités. Mais chacune de celles-ci est à son tour une variable, et il importe de connaître la loi de ses variations.

Et d'abord la Collatéralité Uniplane. Nous rappellerons qu'une telle Parenté se distingue par ce caractère que tous ses membres procèdent d'un ancêtre commun par un nombre égal de générations. C'est là ce qui constitue le *mode* de cette parenté. Ce qui en détermine le *degré*, c'est le nombre des ancêtres ou ascendants non communs.

Ceux dont tous les ascendants leur sont communs, c'est-à-dire qui ont le même Père, sont Frères ; ceux qui ont les mêmes ascendants jusqu'au Grand-Père inclusivement, sont Cousins Germains, ou Cousins du 1er degré ; ceux dont le plus proche ascendant commun est le Bisaïeul, sont Cousins issus de Germains, ou Cousins du 2e degré ; ceux qui se rattachent à la même ligne par le Trisaïeul, sont Cousins au 3e degré, etc. ; et enfin ceux qui ne sont reliés entre eux que par le primitif ancêtre formant la souche de l'arbre généalogique, sont Cousins au degré le plus éloigné. Et tous ces collatéraux, comme il a été déjà remarqué, offrent cette uniformité de caractères, qu'ils sont tous au même niveau généalogique ou, autrement dit, qu'ils sont tous généalogiquement contemporains.

51. La Collatéralité Diversiplane ou *oblique* ne varie pas seulement suivant le degré ; elle présente aussi des variations de mode. Elle ne se contente pas de nous offrir la relation très simple qui relie entre eux un descendant quelconque avec le frère de l'un de ses ascendants quelconques, c'est-à-dire le Neveu à l'Oncle et l'Oncle au Neveu, à tous les différents degrés. A celle-ci s'ajoute une relation d'un caractère complexe, mais néanmoins régulier, qui a été généra-

lement mal comprise. C'est celle qui existe, non plus entre le descendant et le frère de l'ascendant immédiat ou médiat — c'est-à-dire entre le Neveu et l'Oncle, le Petit-Neveu et le Grand-Oncle, etc., — mais entre le Petit-Neveu et le Fils du Grand-Oncle, entre l'Arrière-Petit-Neveu et le Petit-Fils de l'Arrière-Grand-Oncle, etc.; ou, ce qui revient au même, entre moi et le Père de mon Cousin issu de germain, entre moi et le Père ou le Grand-Père de mon Cousin au 3e degré ; et ainsi de suite indéfiniment.

Par suite d'une évidente méprise, on a fait cousins réciproques les deux termes d'un semblable rapport, ce qui est faire d'une parenté diversiplane une parenté uniplane.

C'est une lourde faute. Les expressions d'*Oncle à la mode de Bretagne* et de *Neveu à la mode de Bretagne*, nous montrent que les Bretons ont eu sur ce point une vue différente de celle des autres Français, et c'est certainement la bonne. Comment, en effet, se pourrait-il faire qu'alors que le cousin issu de germain est néanmoins un cousin, le père de ce cousin ne fût pas conséquemment un oncle?

Il y aura donc des oncles et des neveux de différents degrés, comme il y a des cousins de différents degrés ; et le degré auquel on sera oncle ou neveu de quelqu'un correspondra précisément au degré du cousinage existant entre ce neveu et le descendant direct de cet oncle.

Je propose les dénominations de *Sous-Oncle* et *Sous-Neveu* comme désignations générales des oncles ou des neveux des différents degrés venant après l'oncle ou le neveu proprement dits, c'est-à-dire oncle ou neveu au 1er degré.

Et maintenant notons ici avec soin que la graduation de l'*avonculat* et du *népotat*[1] est portée en abscisse, c'est-à-dire en lignes horizontales, comme l'est la graduation du cousinage, et qu'il faut se garder de le confondre avec la graduation en *Oncle, Grand-Oncle, Arrière-Grand-Oncle,* etc., et en *Neveu, Petit-Neveu, Arrière-Petit-Neveu,* etc., qui est portée en ordonnée, c'est-à-dire est ascendante ou descendante.

Resterait après cela à distinguer, à préciser, à dénommer et à classer à sa vraie place, dans un système généalogique de coordonnées rectilignes (voir ci-après le diagramme, p. 141), la relation connexe de parenté que nous venons de considérer.

A la suite de la série verticale formée de l'Oncle, du Grand-Oncle, de l'Arrière-Grand-Oncle, etc., proprement dits, et du Neveu, Petit-Neveu, Arrière-Petit-Neveu, etc. proprement dits, et sous chaque degré suivant de la série horizontale du cousinage, viendra une série verticale analogue de *Sous-Oncle, Sous-Grand-Oncle, Sous-Arrière-Grand-Oncle,* etc., et de *Sous-Neveu, Sous-Petit-Neveu, Sous-Arrière-Petit-Neveu,* etc. du degré correspondant.

*
* *

52. Dans l'Arbre, avons-nous dit, on a cru justement rencontrer le type schématique du système généalogique abstrait. Mais il y a arbre et arbre ; et, pareillement, parmi les diverses généalogies concrètes, telle

---

1. Sans doute *avunculus*, d'où nous forgeons *avonculat*, ne désigne que l'oncle maternel, mais nous adoptons de préférence ce radical parce qu'il est l'homonyme latin du mot français *oncle*, et que le soin d'être intelligible doit passer avant les scrupules grammaticaux.

sera à l'image du Palmier, telle à l'image du Peuplier, telle à l'image du Chêne, telle à l'image d'un Buisson. Mais néanmoins toutes, sous ces diverses modifications d'un même type fondamental, s'adapteront à notre cadre général des lois généalogiques tel que nous venons de le tracer, ou plutôt de l'indiquer en quelques traits à main levée.

53. Un des côtés de l'ordre de Généalogie qui n'est pas le moins caractéristique, c'est que (ceci sous certaines réserves que nous exposerons plus loin) les ascendants successifs meurent tour à tour à mesure qu'ils ont procréé des descendants, soit que cette procréation ait eu lieu par voie de génération proprement dite, ou par voie de transformation, c'est-à-dire soit qu'il s'agisse de familles physiologiques, ou bien de familles d'espèces botaniques ou zoologiques, ou de familles de langues ou d'institutions. Toutefois il peut arriver que le père, et même l'aïeul, font souche d'une deuxième lignée tardive, qui croît concurremment à celle du fils ou du petit-fils, et qui parfois survit à celle-ci. Ce phénomène anormal, ou tout au moins exceptionnel, est représenté dans l'arbre par les bourgeons adventices, c'est-à-dire qui poussent dans le bas et à travers la vieille écorce d'une branche ou de la tige, en même temps que les rameaux qui terminent celles-ci continuent leur évolution ou se dessèchent.

54. Dans les précédents chapitres, nous avons

fait le rapprochement de chacun de nos trois premiers Ordres Taxinomiques avec les deux autres pour dégager leurs différences essentielles et leurs analogies. Il nous reste à soumettre l'ordre de Généalogie au même parallèle.

L'ordre de Généalogie s'écarte de l'ordre de Généralité, en même temps du reste que les deux autres ordres, par une propriété singulière exclusivement particulière à celui-ci. Cette particularité si remarquable a été à peine indiquée par moi dans ce qui précède ; je me propose d'y revenir avec quelques détails dans un chapitre ultérieur. Bornons-nous pour le moment à faire connaître *grosso modo* ce caractère.

55. La série progressive, qui, comme nous l'avons plusieurs fois répété, est l'élément systématique de toute classification, consiste, dans l'ordre de Généralité, en une échelle dont les échelons ne portent nullement les véritables objets, c'est-à-dire les objets à classer, mais des objets fictifs imaginés en vue de cette classification ; non des objets *positifs*, mais des objets *théoriques* ; autrement dit, des entités logiques. Prenons pour exemple un système concret de Généralité très réduit, tel que celui qui est figuré ci-après :

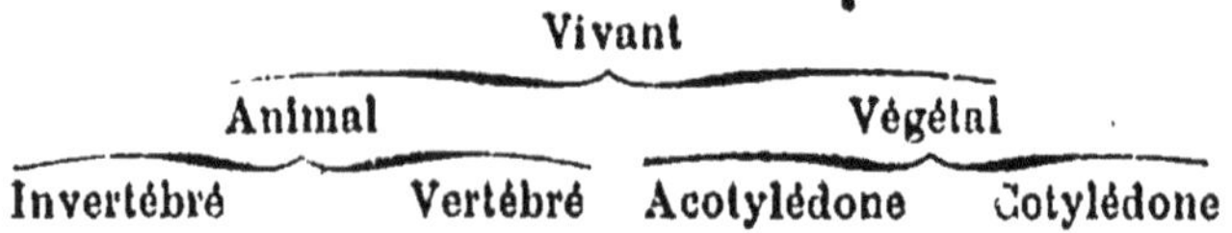

Demandons-nous quel est le but du *système* ci-dessus, quel est le but des quatre séries suivantes qui le

composent : Invertébré, Animal, Vivant ; Vertébré,
Animal, Vivant ; Acotylédone, Végétal, Vivant ; Cotylédone, Végétal, Vivant. Evidemment, c'est de grouper idéalement, d'après leurs ressemblances et leurs
différences, des espèces animales et des espèces végétales déterminées. Ces espèces ou individus à classer
sont-ils donc distribués sur les différents échelons
de ce système d'échelles de Généralité ? Est-il une de
ces espèces, un de ces individus, qui se trouve placé
sur l'échelon suprême et synthétique, celui de Vivant?
Est-il une autre espèce ou individu occupant le poste
d'Animal, et un autre celui de Végétal? Est-il quatre
espèces ou individus respectivement titulaires et pos-
sesseurs exclusifs des grades d'Invertébré, de Vertébré, d'Acotylédone et de Cotylédone ? Assurément
non ; ces expressions de *Vivant, Animal, Végétal,*
etc. désignent des degrés différents de généralité ; non
pas des objets, mais des abstractions d'objets graduées. (Nous verrons toutefois un peu plus loin que
cette règle est sujette à une distinction, justement en
ce qui concerne le cas pris ici pour exemple.)

Il en est tout autrement dans les trois autres ordres
taxinomiques, bien que le schème de leurs systèmes
respectifs coïncide sensiblement, en tant que graphique, avec celui du système de Généralité. Là ce sont
les objets eux-mêmes, les objets proposés au classificateur, qui occupent et constituent entièrement les
cadres du tableau de classification.

La vérité qu'il s'agit ici de démontrer nous paraît
trop importante pour que nous nous interdisions de
présenter notre démonstration sous des formes multi-
pliées par crainte du reproche de prolixité et de raba-

chage. C'est pourquoi nous nous décidons à placer encore sous les yeux du lecteur la synopsis ci-dessous, où les quatre ordres taxinomiques sont mis en parallèle au moyen de spécimens très simples et en même temps très significatifs.

I. Tableau de Généralité.

1. CONTINENTAL ...		Européen		
2. NATIONAL......	Français		Italien	
3. PROVINCIAL.....	Provençal Gascon		Piémontais Lombard	

II. Tableau de Collectivité.

1. CONTINENT......		Europe		
2. ETAT..........	France		Italie	
3. PROVINCE......	Provence Gascogne		Piémont Lombardie	

III. Tableau de Hiérarchie.

1. CAPITALE......		Paris		
2. Ch.-L. de Dép¹.	Bordeaux		Marseille	
3. Ch.-L. d'Arrond¹	Lesparre La Réole		Arles Aix	

IV. Tableau de Généalogie.

1. Père		Noé		
2. Fils	Sem		Japhet	
3. Petit-Fils.....	Elam Assur		Gomer Javan	

56. Que l'on tâche de bien comprendre ceci, c'est que les vrais objets, les seuls que le Tableau de Généralité a en vue, ce sont les individus Pierre, Paul, Jacques, Louis, Mathieu, etc., etc., qu'il s'agit de classer d'après leurs rapports de nationalité. Les

noms *Européen, Italien, Français, Provençal, Piémontais*, etc., qu'on leur attribue, ne sont pas des noms leur appartenant en propre — des noms exactement adéquats aux objets eux-mêmes —, ce sont des noms *communs*, visant certaines qualités communes ; ce sont des noms généraux, c'est-à-dire génériques, c'est-à-dire banalement applicables à tous les individus quelconques appartenant à une même catégorie. Peut-on en dire autant des noms offerts par les trois autres tableaux ? Non, sans contredit. Ici tout nom représente un être entièrement distinct, entièrement déterminé, et ne représente que lui seul.

On m'objectera peut-être que le nom *Europe* implique les termes France et Italie, comme le nom *Européen* enveloppe les termes Français et Italien. Il y a là une illusion. L'Europe est un tout qui contient la France et l'Italie, mais ce composé est un objet dont l'objectivité et l'individualité sont aussi absolues que sont celles de n'importe lequel de ses composants ; Europe, France et Gascogne sont trois individus géographiques, tous trois également individuels.

Le nom *Européen* s'applique concurremment aux Français et aux Italiens ; le nom *Français* s'applique concurremment aux Provençaux et aux Gascons ; mais le mot *Europe* ne peut être étendu à la France ou à l'Italie ; le nom de *France* ne peut être donné à la Provence ou à la Gascogne, celui d'*Italie*, à la Lombardie ou au Piémont. Nous disons très logiquement que le Provençal est un Français, et que le Français est un Européen, mais, à rigoureusement parler, il serait absurde de dire que la Provence est une France, que la France est une Europe.

Passons au tableau de Hiérarchie. Paris, Bordeaux, Marseille, Lesparre, La Réole, Aix, Arles, en forment les termes. Ces termes, bien que systématiquement distribués d'après des relations de subordination administrative (Paris comme capitale ; Marseille et Bordeaux, comme chefs-lieux de département ; Aix et Arles, Lesparre et La Réole, comme chefs-lieux d'arrondissement), sont tous, et tous à égal titre, des objets concrets et individuels.

J'arrive au Tableau de Généalogie. Les termes qui constituent ce système sont aussi, bien évidemment, les objets à classer, et non leurs simulacres. Ce point n'a pas besoin d'être démontré.

* *

57. Le système Généalogique, bien que calqué graphiquement sur le système de Généralité, exprime des rapports d'une tout autre valeur, et se sépare de lui, ainsi du reste que les deux autres ordres, par cette radicale et singulière différence — sur laquelle nous venons d'insister — que toutes ses séries sont des échelonnements d'objets, et non des échelonnements d'abstractions.

Ce n'est non plus que par la forme extérieure, invariablement arborescente, qu'il semble se confondre avec le système de Collectivité et le système de Hiérarchie. Ceux-ci néanmoins se conjuguent avec lui de quelque manière. L'ordre Généalogique, avec ses ramifications de différents degrés, est bien en effet, à un certain point de vue, un système de Composition progressive ; et, d'autre part, les ancêtres formant la souche des diverses branches et lignées d'une famille peuvent très rationnellement être envisagés comme autant de Chefs généalogiques, et leur ensemble systématique est bien alors une sorte de Hiérarchie.

58. L'ordre de Généalogie présente avec l'ordre de Généralité une sorte d'affinité qu'il ne faut pas passer sous silence. Dans la généalogie des espèces animales ou végétales, et aussi dans celle des langues, et celle des formes sociales, l'espèce ou la langue ou l'institution qui sert de souche à plusieurs autres, l'espèce mère, la langue mère, cumule avec le caractère maternel un caractère générique. Elle est Mère et Genre tout à la fois, et ses Filles sont en même temps ses Espèces.

Toutefois les deux ordres — le Généalogique et le Générique — bien qu'ici étroitement unis, restent distincts de nature, et il faut se tenir en garde contre le danger de les confondre.

Supposons un premier être Vivant (la réserve inscrite plus haut, page 71, entre parenthèse, trouve ici son explication), qui n'est encore ni Végétal ni Animal, mais d'où émaneront deux êtres nouveaux qui seront la souche, l'un du Règne Animal, l'autre du Règne Végétal. Ce « Protiste » ne pourra comporter d'autre dénomination systématique que celle de *Vivant*, et le nom de cette espèce mère, mère de toutes les autres espèces Vivantes, sera en même temps le nom commun de tous les Animaux et de tous les Végétaux, c'est-à-dire de tous les Vivants. Et à leur tour les deux nouvelles espèces, immédiatement issues de l'espèce première, devenant, l'une la mère phylogénique de tous les Végétaux, l'autre la mère phylogénique de tous les Animaux, ne comporteront méthodiquement que deux noms : l'une, celui de Végétal, l'autre, celui d'Animal. *Végétal* et *Animal* seront donc respectivement, tout à la fois le nom de l'espèce mère de tous les Végétaux ou de tous les Animaux, et leur nom générique.

Mais ne nous laissons pas tromper par l'équivoque. Dans les cas que nous venons de prendre pour exemples, nous croyons constater que l'ancêtre est à la fois le *père* de sa race, et en même temps un *genre* pour cette postérité convertie en *espèces*. Et pourtant qui dit père de quelqu'un dit un être positif, concret, individuel ; comment cet être réel pourrait-il en même temps n'être qu'une entité métaphysique, une pure abstraction ? La difficulté va se résoudre au moyen d'une distinction.

Quand, en disant : *Le Vivant*, nous entendons désigner par ce nom le premier être organisé que nous supposons être apparu sur le globe, et qui en se modifiant ultérieurement et diversement aurait donné naissance à l'organisation végétale et à l'organisation animale, c'est un être concret et individuel que nous avons en vue, absolument comme en disant que le patriarche Noé fut le père de Sem, Cham et Japhet. Et après cela, quand nous ajoutons que ce même Vivant primitif est aussi un genre dont tous les autres Vivants sont les espèces, le nom employé est bien le même, mais la chose désignée est tout autre. Cette fois, ce n'est plus l'*être*, qui se trouve et qu'il faut voir sous son nom, c'est sa *nature*.

Cet Être originel est porteur d'une organisation ou, pour parler plus généralement, d'un ensemble de caractères, qui constituent un prototype ou type fondamental dont ses descendants hériteront. Or c'est ce type fondamental, sous lequel s'offre l'individu primitif, et non l'individu lui-même, qui constitue le *genus* auquel celui-ci a prêté son nom.

L'application que nous allons faire de ces spéculations un peu abstruses à la critique de quelques classifications scientifiques des plus en vue, aidera, nous l'espérons, à en comprendre le sens et la portée.

VII

59. Après avoir consacré un chapitre spécial à
l'ordre de Généralité, et être revenus plusieurs fois sur
ce sujet à propos des autres Ordres, nous ne sommes
pas encore parvenus à nous en rendre maîtres. C'est
que c'est là, pour ainsi dire, la clef de la Taxinomie,
et comme une place très forte qu'on ne peut prendre
qu'au moyen d'un siège en règle ; et tout ce que nous
avons fait dans ce but jusqu'à présent se réduit à des
reconnaissances et à des approches. Nous allons
essayer de pousser un peu plus avant notre hasar-
deuse entreprise.

60. Une différence essentielle et singulière, avons-
nous dit, sépare l'ordre de Généralité de ceux de Collectivité, de Hiérarchie et de Généalogie : tandis que
chez ceux-ci les objets eux-mêmes constituent entièrement l'ensemble systématique de la classification,
c'est-à-dire en fournissent tous les termes, dans le
premier, au contraire, on les rencontre seulement à
la base de l'édifice, et ce sont des termes purement fictifs, des symboles, qui forment toute la superstructure. Les deux premiers tableaux qui figurent dans ce
travail (p. 9), et auxquels je prie le lecteur de se reporter, me paraissent mettre cette vérité en un vif relief.

Les objets à classer d'après leurs ressemblances et leurs différences, étant figurés par des chiffres, sont disposés, dans l'un et l'autre tableau, sur une ligne horizontale ; sur chacun d'eux s'élève, dans le Tableau n° 1, la série de ses caractères constituants, représentés par des lettres, en échelonnement de généralité croissante. De là autant de séries libres que d'objets, dont chacune est verticalement dressée sur son objet propre.

Dans le Tableau n° 2, toutes ces séries verticales se rapprochent et se fondent entre elles — s'anastomosent — par leurs parties similaires, par leurs points communs, et se constituent par là en un ensemble *systématique* ramiforme. Mais que l'esprit les considère. sous l'aspect analytique (Tableau n° 1), ou sous l'aspect synthétique (T. n° 2), rien n'est changé pour cela dans leur valeur intrinsèque, c'est-à-dire dans la nature et dans l'ordre de superposition de leurs éléments.

Et maintenant, ces éléments, ces termes, que sont-ils? Sont-ce les objets réels proposés pour le classement? Non, nous l'avons déjà dit, une telle série n'est pas une suite d'objets, mais l'échelle des caractères *d'un seul objet*, superposés en progression croissante de généralité.

Soit, par exemple (voir T. n° 1), la série caractérique *c* H **J** élevée sur l'objet n° 5. Cette série développe intégralement la nature de son objet, puisqu'elle est censée en offrir tous les caractères constituants, distribués par rang de généralité croissante, depuis les caractères non généraux, propres, individuels, figurés par *c*, jusqu'aux caractères de suprême généralité, figurés par **J**.

Ainsi ε c h **J** est l'expression explicite, et en même temps intégrale, de l'objet n° 5, c'est-à-dire le développement adéquat d'un objet concret.

Cela posé, si de cette série nous retranchons le terme ε, elle se réduit à c h **J**. Que nous représente ce segment de l'entière série ? Il nous représente l'objet amputé de ses caractères propres, personnels, c'est-à-dire dont il reste seulement les caractères communs, enfin un objet abstrait succédant à l'objet concret.

Cela fait, si du segment c h **J** nous retranchons le terme c, il nous reste le segment réduit h **J**. Que représente à son tour cette nouvelle expression ? Elle représente l'objet abstrait c h **J** privé de ses caractères les plus rapprochés du concret, les moins communs, les moins généraux. c h **J** est une abstraction de ε c h **J** ; h **J** en est pour ainsi dire la surabstraction. C'est l'abstrait d'un premier abstrait.

Et enfin si, par un dernier retranchement, nous réduisons la série au terme unique qui en reste, et qui forme son sommet, en l'unique **J** (qui porte en soi l'essence de tout objet, c'est-à-dire l'idée pure de l'Être), nous devons voir encore un objet abstrait, le plus abstrait de tous.

61. Il importe de noter ici que les objets abstraits des divers degrés de généralité reçoivent pour symbole et pour dénomination *implicite* le signe littéral ou le nom affecté à leur caractère différentiel. Ainsi l'expression explicite de l'objet général (de zéro généralité) représenté par le segment **J** ε est **J** h c ε ; nous conviendrons de l'exprimer implicitement par le signe de son

caractère différentiel, c'est-à-dire par la lettre ε. C'est de même que sera représenté simplement par c l'objet correspondant au segment J c, et que J ʜ à son tour aura dans ʜ son équivalent représentatif.

62. Cette démonstration réitérée, ressassée, du fait que dans l'ordre de Généralité les séries et les systèmes de classification ne sont composés que d'abstractions et de fictions, et non des véritables objets proposés au classificateur, a ici surtout pour but de nous amener à en faire connaître un très intéressant et très important corollaire.

.•.

63. Vers la fin du précédent chapitre, m'appliquant derechef à mettre en saillie la caractéristique capitale de l'ordre de Généralité, je puis m'être exprimé de façon à faire croire que par objets positifs, objets à classer, j'entendais exclusivement les réalités individuelles et actuelles, le concret et l'individu absolus. Telle n'était pourtant pas ma pensée.

Bien que, suivant la remarque d'Aristote confirmée par Cuvier, la nature ne nous offre que des individus, nous aurions grandement tort d'en conclure que l'Individu soit le seul objet qui relève de la classification. Les objets abstraits, comme les objets concrets ; les objets généraux, comme les objets particuliers ; les attributs, comme les sujets ; les idées, comme les faits, sont tous du domaine de la Taxinomie, et par conséquent sont tous de vrais objets au point de vue taxinomique, au point de vue purement logique.

Sans doute, le naturaliste ne rencontre sur son chemin, en tant qu'objets d'observation, que des minéraux individuels, que des plantes individuelles, que des animaux individuels ; et pourtant l'Histoire naturelle, dans ses essais opiniâtres de classifications minéralogiques, botaniques et zoologiques, n'a jamais songé à classer les individus des règnes minéral, végétal ou animal — ce qui d'ailleurs eût été à la fois impraticable et inutile, — et elle s'est attachée exclusivement à classer ces êtres fictifs, idéaux, qu'elle nomme des *espèces.*

Les *objets* des classifications minéralogiques, botaniques, zoologiques, ce sont donc, pratiquement, les Espèces : espèces minérales, espèces végétales, espèces animales. Également, les naturalistes auraient pu, sans empêchement logique, se proposer comme objets de classification, soit des êtres encore plus abstraits, plus généraux, plus fictifs, tels ceux qu'ils appellent *genres, ordres, familles, classes,* etc.; soit de moins abstraits, de moins généraux, de moins fictifs, ceux par exemple qu'ils nomment des *variétés* et des *races.*

On va m'objecter : Que devient alors votre distinction entre l'objet réel, l'objet propre de la classification, et l'objet abstrait conçu à titre d'expédient logique pour faciliter la classification des êtres proprement dits ? Question très légitime et d'un grave intérêt. Je vais m'efforcer d'y répondre d'une manière satisfaisante, mais je prie le lecteur de me venir en aide en me prêtant une attention soutenue.

* *

64. Il faut constater ici un point que les logiciens

me semblent avoir trop négligé de mettre en lumière : la relativité du Genre et de l'Espèce, du Général et du Particulier, de l'Abstrait et du Concret, et l'illusion du Concret et de l'Individu absolus.

Si le genre est tel pour les espèces prochaines, n'est-il pas espèce à son tour pour le genre supérieur prochain ? Et réciproquement toute espèce n'est-elle pas un genre pour ses sous-espèces ? Et l'individu lui-même, l'individu proprement dit, actuel, s'il est bien tel en tant que considéré dans l'espace, ne s'évanouit-il pas comme tel pour devenir un genre, une généralité, si nous le considérons dans le temps, c'est-à-dire à travers ses variations successives incessantes, qui à chaque instant le font autre (voir ci-dessus, p. 29) ?

Donc, à vrai dire, il n'existe, en fait d'abstraits, que des abstraits relatifs ; et, en fait de concrets, que des concrets relatifs. Aussi, quand nous disons *concrets* les objets à classer, nous voulons simplement indiquer qu'ils sont concrets par rapport à leurs radicaux génériques, lesquels nous appelons, par comparaison, des objets abstraits.

Mais si à un certain point de vue les idées générales peuvent logiquement être envisagées comme objets de classification, c'est-à-dire comme objets particuliers et concrets, pour que de tels objets généraux puissent former la base d'un même système de classement, une condition est de toute rigueur: c'est qu'ils appartiennent tous à un même degré, à un même plan de généralité ; c'est qu'ils soient métaphysiquement homogènes (le mot *équigrade* serait peut-être plus exact), et par là comparables.

Les objets généraux que nous voyons dans les espèces suivantes : Coq domestique, Lézard vert piqueté, Chien, Grenouille, Carpe, Chimpanzé, Mouton, sont sans contredit matière à classification suivant l'ordre de Généralité, c'est-à-dire d'après leurs ressemblances et leurs différences mutuelles ; mais, pour classer ces objets ensemble, faut-il encore qu'ils soient tous des espèces, ou censés tels, et que, parmi cette collection d'objets-espèce proposés, il ne se glisse pas des intrus, c'est-à-dire des objets-genre, des objets-ordre, des objets-classe ; ou bien encore des objets-variété, des objets-race, comme par exemple dans l'énumération hétérogène suivante : Coq, Mammifère, Lézard, Gallinacé, Chien, Oiseau, Carpe, Quadrumane, Grenouille, Epagneul, Primate, Mérinos, Chimpanzé, Reptile, Bœuf Durham, Carnassier, Truite saumonée, Rongeur, Pigeon culbutant.

L'intelligence du lecteur me dispensera d'insister sur ce point.

⁂

65. Ces principes posés, étant donnée à classer suivant l'ordre de Généralité une somme d'objets remplissant les conditions d'homogénéité métaphysique (suivant l'expression consacrée de *degré métaphysique*) susindiquées, nous devons nous les représenter alignés sur une droite horizontale tels que sont ceux que nous montrent les deux tableaux d'analyse et de synthèse caractérique (p. 9), où ils sont figurés par les chiffres 1, 2, 3, 4, 5, 6, 7, etc. — Pour être absolument exact, c'est un *plan* horizontal, et non une *ligne* horizontale, qu'il faudrait dire ; mais, en restant sur

le terrain plus commode de la géométrie plane, la démonstration du théorème s'en trouve fort simplifiée, et peut suffire.

Comme il a été dit précédemment, sur chacun de ces objets s'élève l'échelle de ses caractères constituants superposés par rang de généralité croissante. Puis, chacune de ces échelles se rapproche de celles qui ont en commun avec elle tous leurs caractères généraux, et ces échelles, qui ne se différencient que par les caractères propres, se juxtaposent à la file et ensuite se soudent, se fondent ensemble, dans toute leur portion commune, qui ne forme plus alors qu'une seule branche. En second lieu, chacune des branches de cette première formation se rapproche pareillement de celles qui ne se distinguent d'elle que par leurs caractères du plus bas degré de généralité, c'est-à-dire qui coïncident dans toute leur portion supérieure à ce degré ; et elles se fondent et s'unissent ensemble de la même manière, dans toute cette étendue commune, et celle-ci forme à son tour une branche d'ordre supérieur, laquelle ensuite se rapproche électivement d'autres branches du même ordre, suivant la même loi, et ces dernières se réunissent d'une façon semblable par leur portion commune en une branche d'un ordre encore plus élevé ; et ainsi de suite progressivement jusqu'à ce que toutes ces branches de tout ordre aillent se rattacher finalement, d'une façon directe ou indirecte, à un tronc unique, le degré de généralité suprême.

Voilà donc sériés et systématisés, et les caractères des objets concrets qui ont été donnés à classer, et les objets abstraits, *qui sont les séries caractériques*

*progressivement réduites par l'élimination succes-
sive de leurs termes inférieurs.*

Oui, voilà bien les caractères et les objets abstraits
méthodiquement classés en un système de savante
architecture. Mais les objets proposés, les objets (relativement) concrets, les objets (relativement) réels,
enfin les vrais objets, c'est-à-dire ceux en vue de qui
la classification est précisément instituée, ceux-là,
où figurent-ils donc, où donc est leur place dans ce
bel édifice ?

Ne les cherchez pas là, ne les cherchez pas devant
vous, ils sont ailleurs. Ils ne font point partie de la
pyramide de généralisation qui s'élève superbement
devant vos yeux, ils sont enterrés dans ses fondations, ils en sont la substructure enfouie dans le sol.

Cependant, si l'Ordre de Généralité n'expose à notre
vue que des séries et des systèmes d'abstractions et
de généralisations, que fait-il des objets eux-mêmes,
qui sont toute sa raison d'être et sa fin ? La distribution des idées n'entraîne-t-elle pas une distribution
correspondante des choses ? Notre Tableau n° 2 de
la synthèse caractérique des objets n'offre-t-il pas les
objets vrais distribués en un système de groupes ra-
mifiés, formant la contre-partie, et comme l'image
renversée, du système des caractères et des objets
généraux ?

Non, répondrai-je, c'est là une illusion. La moitié
inférieure du tableau n'est pas un système d'objets,
mais de symboles. Les signes α', ε', γ', δ', ε', ζ', η', etc.,
désignent les groupes négatifs, c'est-à-dire les objets
considérés en tant qu'unités simples et isolées; les signes a', b', c', d', e', etc., désignent des groupes pri-

maires, c'est-à-dire immédiatement formés par la réunion d'unités simples ; o', n', i', désignent des groupes secondaires, c'est-à-dire formés par la réunion
de groupes primaires, etc. Mais ces signes ne sont en
somme que des étiquettes se rapportant aux divisions de la ligne des objets, lesquels s'y trouvent
rangés à la file, comme dans la suite 1, 2, 3, 4, 5, 6,
7, 8, 9, 10, 11, 12 de nos tableaux.

Est-ce à dire pour autant que ces derniers ne sont
rangés dans aucun ordre de succession prescrit ? S'ils
ne constituent pas un Système, ne constituent-ils pas
du moins une Série ?

C'est ici que notre analyse devient particulièrement
difficultueuse. Pour s'en bien tirer, pour la présenter
clairement et en expressions d'une impeccable rigueur, l'auteur (un vieux paysan aveyronnais courbé
tout le jour sur sa charrue) devrait se sentir maître de
la langue des sciences exactes, et ce privilège lui fait
défaut. Il fera néanmoins de son mieux pour se rendre intelligible en son patois.

*
* *

66. Dans le système de classification suivant l'ordre
de Généralité, les objets, nous l'avons dit, sont alignés
sur une droite horizontale, et sur chacun d'eux s'élève
verticalement la série de caractères qui développe sa
nature. Les objets étant ainsi les pieds de ces perpendiculaires, comme celles-ci se rapprochent et se juxtaposent entre elles, ou s'écartent les unes des autres,
plus ou moins, selon l'étendue de la ressemblance et
de la différence mutuelle des objets respectifs, ces
derniers doivent les accompagner nécessairement

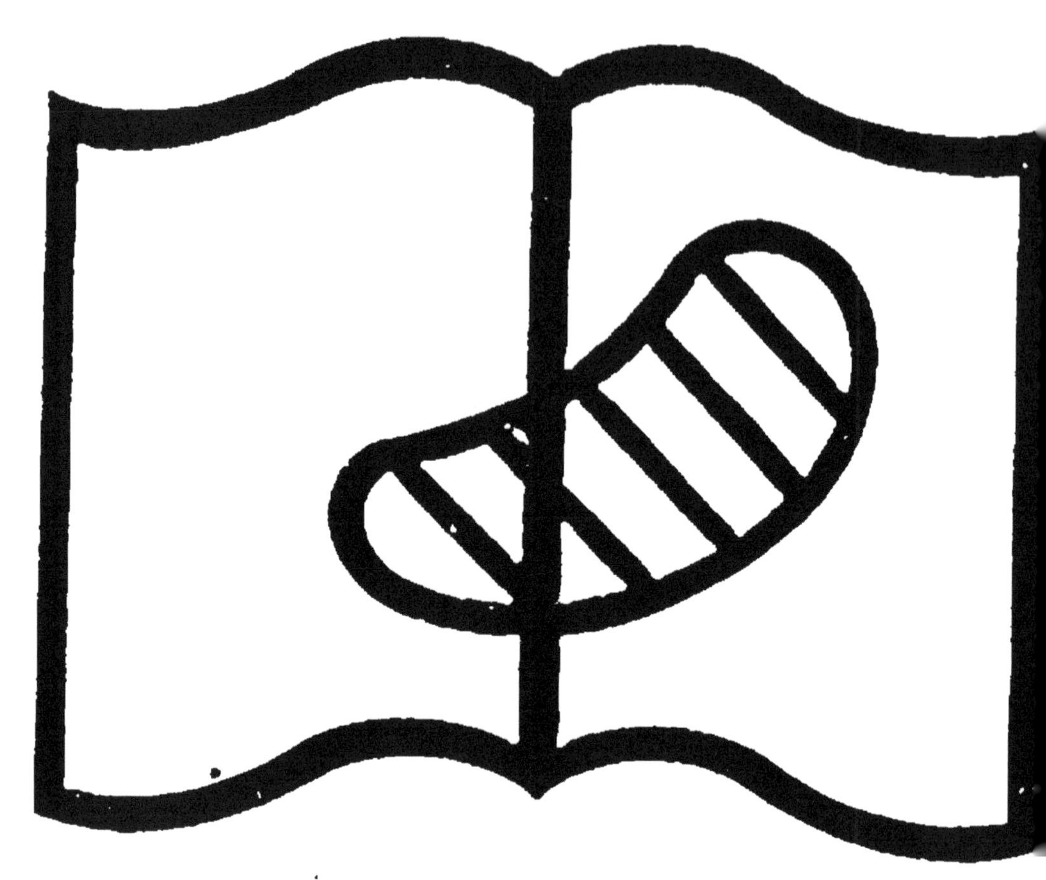

Original Illisible

NF Z 43-120-10

dans leur déplacement et leur arrangement réciproques, doivent suivre, sur leur ligne à eux , le même
ordre de succession que les séries correspondantes
observent dans leur plan à elles.

Le tout est maintenant de déterminer cet ordre de
succession.

67. Pouvons-nous dire que cette succession est une
Série ? Oui, mais une série d'un type *sui generis* qui
ne rentre pas dans la définition de la série donnée
plus haut ; c'est la série de simple *coordination*.

Qu'est la série proprement dite ? C'est la série de
subordination, c'est-à-dire une suite de termes formant progression continue d'un bout à l'autre. Et
qu'est-ce qui constitue cette progression ? C'est l'accroissement ou le décroissement, d'un terme au suivant, d'une propriété homogène, d'une grandeur,
d'une qualité présente dans tous, mais qui diffère en
quantité de l'un à l'autre.

Or cette définition ne saurait convenir, d'une manière nécessaire, à la succession en rangée horizontale des objets formant la base d'un système. Car ici
les termes se rangent d'après la ressemblance, et la
ressemblance n'est pas une propriété inhérente aux
choses, une grandeur absolue, mais une relativité et
une réciprocité pures.

Expliquons-nous.

68. Dans la série proprement dite ou série verticale
— série par superposition, série progressive, série de
subordination —, les termes diffèrent l'un de l'autre
par le plus ou le moins, attribué à chacun, d'un quel-

que chose qui appartient à tous. Ainsi, dans la série des caractères et des objets généraux, un terme diffère du précédent en ce qu'il a *plus* d'extension, et du suivant en ce qu'il a *moins* d'extension ; et dans la série dite gamme des tons, chaque terme diffère du précédent en ce qu'il a *plus* d'acuité, et du suivant en ce qu'il a *moins* d'acuité. Dans une série collective, chaque terme diffère du précédent en ce qu'il a une composition *plus* complexe, puisqu'il le contient, lui ainsi que d'autres ; et il diffère du terme suivant en ce qu'il a *moins* de complexité, puisqu'il est son élément. Dans une série hiérarchique, chaque terme diffère du précédent en ce qu'il a une sphère de domination *plus* étendue, et du suivant en ce qu'il a une domination *moins* étendue. Dans une série généalogique, chaque terme diffère du précédent en ce qu'il compte une génération de *plus* que lui sur la ligne de filiation, et il diffère du terme suivant en ce qu'il compte une génération de *moins*.

69. Autrement dit, dans la série verticale ou série de subordination, ce qui règle la succession des termes, c'est l'accroissement ou le décroissement parallèles d'une variable absolue, c'est-à-dire qui est ce qu'elle est dans chaque objet indépendamment de ce qu'elle est ou n'est pas dans les autres. Ainsi, dans une série de conscrits classés par rang de taille, la taille de chacun lui appartient absolument, c'est-à-dire ne dépend en rien du degré de taille de ses camarades. La comparaison des tailles individuelles intervient sans doute pour régler leur classement, mais elle ne les engendre pas, elle ne les crée pas, elles exis-

tent par elles-mêmes. La Ressemblance, au contraire, est le fruit de la comparaison des termes, en est entièrement le produit. Un homme est plus grand ou moins grand qu'un autre, mais ce n'est pas de ce rapport que résulte qu'il mesure 1 m. 50 ou 1 m. 80. Or on ne saurait également dire qu'un homme est plus ou moins ressemblant qu'un autre, d'une manière absolue, et que sa ressemblance lui appartient en propre, intrinsèquement, tout comme sa taille ou son poids, en dehors de toute comparaison entre lui et d'autres individus quelconques. Une telle proposition serait absurde, ou plutôt serait dénuée de sens.

70. Tout autre est la loi qui régit la distribution des termes dans la série verticale de généralité, et tout autre est celle qui régit cette distribution dans la rangée horizontale des objets placés à la base d'un système. Sans doute, l'arrangement de ces derniers est commandé par celui des caractères et objets généraux constituant le système de Généralité. Mais ceux-ci ont deux ordonnances distinctes : leurs échelles verticales ou colonnes (voir le Tableau n°1), et leurs rangées horizontales ou couches formant les différents étages du système selon les différents degrés de généralité. Or c'est cette ordonnance *en abscisses* du système, et non son ordonnance *en ordonnées*, qui régit seule l'ordonnance des objets placés à sa base et lui impose sa forme.

Ainsi, les individus α, ϛ, γ, δ, ε, ζ, η, θ, ι, κ, λ, μ, rangés à la base du système que figure le Tableau n°1 (voir ci-dessus p. 9), ne suivent pas l'ordre de succession des suites verticales α a ɢ J, ϛ a ɢ J, γ b ɢ J, ε c ʜ J, etc. ;

ils reproduisent l'ordre des suites horizontales a b c
d e f et g h i (voir T. n°2). Or ce dernier, qu'est-il ? il se
confond avec l'ordre des objets, leur loi est la même.
Cette loi si importante, nous allons continuer nos
efforts pour la dégager avec netteté dans ses points
essentiels et caractéristiques.

71. Les objets le plus semblables, c'est-à-dire *qui sont
égaux par toute la série des caractères communs*, se
réunissent entre eux côte à côte, et de là une première
distribution des objets en groupes de la plus petite
grandeur, soit en groupes primaires. Ceux qui présentent le deuxième degré de ressemblance, c'est-à-dire
qui ont en commun les caractères généraux de tous les
degrés de généralité sauf ceux du plus bas degré, se
rapprochent ensuite entre eux et se juxtaposent, formés en groupes primaires, pour constituer les groupes
secondaires. Et ainsi de suite jusqu'à ce que le groupe
suprême ou global soit parfait par la réunion des
groupes du degré immédiatement au-dessous.

Ce groupement a sa traduction graphique dans un
tronçonnement semblable de la ligne horizontale des
objets, c'est-à-dire dans sa division d'abord en petits
tronçons primaires, lesquels, se réunissant à leur tour
par deux, par trois, ou un plus grand nombre, forment
des tronçons d'un ordre supérieur ; et ainsi successivement jusqu'à ce que la ligne entière se confonde
avec le grand tronçon intégral, qui est la réunion de
tous les autres.

La place de chaque unité simple est dans le groupe

ou tronçon primaire [1] dont elle fait partie, et n'est pas ailleurs ; la place de tout groupe ou tronçon primaire est dans le groupe ou tronçon secondaire auquel il appartient, et non ailleurs ; la place de chaque groupe ou tronçon secondaire est dans le groupe ou tronçon tertiaire dont il est l'un des éléments, et ne saurait être autre part, etc.

72. Tout cela est vérité d'évidence, et forcément nécessaire. Mais ce qui n'est pas fixé avec la même rigueur, ce qui au contraire est *ad libitum*, c'est la place relative de chaque unité simple dans les limites de son groupe ou tronçon primaire ; c'est la place relative de chaque groupe ou tronçon primaire à l'intérieur de son groupe ou tronçon secondaire ; et ainsi successivement, d'où il résulte que l'arrangement des termes d'une même suite horizontale peut varier suivant le très grand nombre de combinaisons produites par le déplacement facultatif de chaque unité dans son propre groupe, et de chaque groupe d'unités dans son groupe de groupes.

La série horizontale ou de coordination des objets n'est donc pas une série continuement progressive ; c'est une distribution d'objets par groupes idéaux de différents degrés rentrant les uns dans les autres, mais sans qu'il en résulte aucun ordre de succession nécessaire entre les éléments d'un même groupe pri-

---

1. En réalité, les divisions en groupes ne coïncident pas avec les divisions en tronçons ; celles-ci sont en avance sur les autres d'un rang, puisque le tronçon primaire représente l'unité simple, et que le groupe primaire est une réunion d'unités simples. Mais nous supposons ici cette coïncidence pour ne pas compliquer et embrouiller la démonstration par de nouvelles distinctions.

maire, et entre les groupes composants d'un même groupe supérieur.

C'est surtout pour avoir ignoré cette loi que naturalistes, anatomistes, physiologistes, chimistes, médecins, philosophes, se sont évertués en vain, dans leurs domaines respectifs, à mettre en séries gradatives des sommes d'objets insériables. Mais avant de passer à l'examen des infructueuses tentatives taxinomiques où se sont consumés tant d'efforts de la science et de la philosophie, et de montrer à la méconnaissance de quels principes sont dus ces différents échecs, il convient d'éclaircir encore un peu plus, s'il nous est possible, la théorie compliquée et difficile de l'ordre pseudo-sériel horizontal. A cette fin, nous allons quitter pour un moment la pure abstraction et nous expliquer sur un exemple en quelque sorte matériel.

ORDRE DE GÉNÉRALITÉ

Spécimen de classification ethnique

analytique

I. *Tableau*

ÉCHELLE DE GÉNÉRALITÉ CROISSANTE

4.	Européen .	Européen .	Européen .	Européen .	Européen .	Européen .	Européen .	Européen.
3.	Français .	Français .	Français .	Français .	Français .	Français .	Français .	Français
2.	Normand .	Normand .	Normand .	Normand	Champenois.	Champenois.	Champenois.	Champenois
1.	Caenois .	Caenois	Eboricien .	Eboricien	Rémois .	Rémois	Châlonnais .	Châlonnais
0.	Dumont	Aubry	Gérard	Lebrun	Hubert	Ménard	Duval	Loisel
	A B	C	D	E	F	G	H	I

analytique

Européen .	Européen .	Européen .	Européen .	Européen .	Européen .	Européen .	Européen.
Allemand .	Allemand .	Allemand .	Allemand .	Allemand .	Allemand .	Allemand .	Allemand.
Hessois .	Hessois .	Hessois .	Hessois	Badois .	Badois .	Badois .	Badois.
Marbourgeois.	Marbourgeois	Fuldois .	Fuldois	Heidelbergeois.	Heidelbergeois	Fribourgeois .	Fribourgeois.
Schmidt	Kœnig	Hahn	Müller	Meyer	Weiss	Vogel	Schœbel.
J	K	L	M	N	O	P	Q

II. *Tableau*

synthétique

ÉCHELLE DE GÉNÉRALITÉ CROISSANTE

4.								Euro(péen)
3.			Français					
2.		Normand				Champenois		
1.	Caenois		Eboricien		Rémois		Châlonnais	
0.	Dumont	Aubry	Gérard	Lebrun	Hubert	Ménard	Duval	Loisel
	A	B	C	D	E	F	G	H I

synthétique

(péen)

			Allemand					
	Hessois				Badois			
Marbourgeois		Fuldois		Heidelbergeois		Fribourgeois		
Schmidt	Kœnig	Hahn	Müller	Meyer	Weiss	Vogel	Schœbel
J	K	L	M	N	O	P	Q

73. Nous noterons en premier lieu que, dans le tableau ci-dessus, nous avons, pour simplifier les démonstrations, procédé schématiquement par divisions uniformément binaires.

Une considération, qui tout d'abord paraît décisive, semble établir *a priori* que la série horizontale ou par juxtaposition, fondée sur la similitude et la dissimilitude des termes, ne peut être une gradation continue, et que par là elle se distingue radicalement de la série verticale ou par superposition. C'est que, dans cette dernière, il y a opposition de rapport d'un terme à l'autre, et que, dans la première, il y a réciprocité. Ainsi, dans la série verticale *Duval, Chalonnais, Champenois, Français, Européen* (voir le Tableau analytique), chaque terme est *plus* général que celui qui le précède, et *moins* général que celui qui le suit. Dans une série de tailles, si A est *plus* grand que B, inversement B sera *moins* grand que A. Si, dans la gamme musicale, *mi* est *plus* haut que *ré*, *ré* sera conséquemment *moins* haut que *mi*.

Et maintenant voyons ce qui se passe dans la série horizontale *Dumont, Aubry, Gérard, Lebrun, Hubert, Ménard*, etc. Si Dumont est le plus proche compatriote d'Aubry, réciproquement Aubry sera le plus proche compatriote de Dumont ; si Duval est relativement très éloigné de Schmidt sous le rapport de la nationalité, Schmidt sera éloigné de Duval également, ni plus ni moins, sous ce même rapport.

Prenons encore d'autres exemples.

Etant donnée la progression de nombres 1, 2, 3, 4,

5, 6, 7, 8, etc., dire que 1 est à 2 comme 2 est à 1, que 2 est à 3 comme 3 est à 2, que 3 est à 4 comme 4 est à 3, etc., serait absurde. Maintenant, soit une suite horizontale A, B, C, D, E, F, G, H, etc., il peut être rigoureusement exact de dire : A : B :: B : A, B : C :: C : B, C : D :: D : C, D : E :: E : D, etc. Et ce n'est pas seulement entre termes contigus que cette réciprocité de proportion sera possible, elle le sera également entre deux termes quelconques de la série. Exemple : A : H :: H : A, B : F :: F : B, G : D :: D : G, etc. En effet, par cette proportion algébrique nous entendons exprimer que A ressemble à B comme B ressemble à A, que G ressemble à D comme D ressemble à G, etc.; ou encore, pour serrer l'idée de plus près, cela signifie que les caractères communs que A a avec B, que B a avec C, que D a avec G, réciproquement B a ces mêmes caractères en commun avec A, C avec B, G avec D, ce qui est de toute évidence.

Envisageons la question sous un autre aspect. Certes Dumont et Aubry ne peuvent sortir du tronçon AC, le tronçon *Caenois*; mais logiquement rien ne s'oppose à ce qu'Aubry prenne la place de Dumont, et Dumont celle d'Aubry, ou, autrement dit, que les deux tronçons élémentaires AB et BC se substituent l'un à l'autre dans le tronçon collectif AC. Ils font tous deux partie de ce tronçon secondaire, et ne sauraient en sortir, mais ils peuvent s'y mouvoir en toute liberté; il y a parité entre eux, aucun des deux ne peut se réclamer d'un droit de préséance sur l'autre. Donc notre série de tronçons peut commencer indifféremment comme AB, BC, ou comme BC, AB.

Soit maintenant les deux tronçons secondaires AC,

CE (le *Caenois* et l'*Eboricien*), faisant tous deux partie du tronçon tertiaire AE (le *Normand*). De même que Dumont et Aubry, ils peuvent permuter à leur tour sans inconvénient. Et alors, le tronçon *Gérard-Lebrun* prenant la place du tronçon *Dumont-Aubry*, et réciproquement, au lieu que la série commence par AB, BC, CD, DE, il faudra lire : CD, DE, AB, BC.

Mais nous savons que *Aubry-Dumont* est l'équivalent de *Dumont-Aubry*, et que, par la même raison, *Gérard-Lebrun* peut se changer impunément en *Lebrun-Gérard*. Etant renversés les termes de chacun de ces deux tronçons composants, le grand tronçon résultant AE, qui a déjà subi l'interversion de AC et CE, se détaillera sous cette forme nouvelle : DE, CD, BC, AB. Et à présent, comme nous n'avons aucun motif légitime de donner le pas au Normand sur le Champenois, nous pouvons dire : *Champenois, Normand*, au lieu de : *Normand, Champenois*. Mais quel nouveau trouble ce nouveau renversement ne va-t-il pas causer dans la série ! Primitivement elle procédait : AB, BC, CD, DE, EF, FG, GH, HI ; maintenant cela devient : EF, FG, GH, HI, AB, BC, CD, DE. Le bouleversement sera accru de beaucoup si nous maintenons les inversions déjà faites, en y ajoutant, comme c'est notre droit, celles de EF, FG, en FG, EF ; et celle de GH, HI, en HI, GH ; et enfin celle de EG, GI en GI, EG.

Et maintenant, comme la seconde moitié de la série est susceptible des mêmes transpositions de termes que la première, et qu'en outre ces deux moitiés peuvent par la même raison se transposer entre elles dans leur entier, on peut juger par là à quelle variété

7

de permutations légitimes la série totale se prête. Car toutes ces variantes de la série primitive seront aussi logiques que la forme première, et lui seront équivalentes, ce qui prouve surabondamment que nos séries horizontales ne sont pas de vraies séries, c'est-à-dire que leurs termes ne sont pas rigoureusement enchaînés les uns aux autres par une loi fixe de succession et de gradation, ce qu'il fallait démontrer.

. .

74. Il me sera objecté que la Ressemblance — au point de vue ethnique — est la plus grande possible entre Dumont et Aubry, habitants de la même ville, qu'elle est moindre entre Dumont, de Caen, et Gérard, d'Evreux, tous deux Normands toutefois ; qu'elle diminue encore de Dumont à Hubert, l'un de Normandie, l'autre de Champagne, mais Français l'un et l'autre ; et qu'enfin elle baisse d'un cran de Dumont à Schmidt, qui n'ont de commun, toujours ethniquement parlant, que le titre d'Européen.

Voilà certes, me dira-t-on, une progression évidente, et Dumont, Aubry, Gérard, Hubert, Schmidt, forment bien une série de Ressemblance qui est incontestablement gradative, une série vraie, tout comme les « séries verticales », qui nous ont déjà occupés, ce qui infirme les conclusions qui précèdent.

Cette objection soulève une distinction subtile, difficile à saisir, difficile à formuler, mais fondée et importante.

Je vais tâcher de faire comprendre les choses *grosso modo* ; d'autres donneront la définition exacte, qui m'échappe.

75. Ma première réponse sera que la question sur le tapis n'est pas de savoir si les termes sélectionnés *Dumont, Aubry, Gérard, Hubert, Schmidt,* forment une progression quelconque, mâis si l'entière suite des objets formant la base de notre système ethnique de Généralité, *Dumont, Aubry, Gérard, Lebrun, Hubert, Ménard, Duval, Loisel, Schmidt, Kœnig, Hahn, Müller, Meyer Weiss, Vogel, Schœbel,* constitue elle-même une progression, une série continuement croissante ou décroissante, du commencement à la fin. Or, il a été, je crois, pleinement démontré que c'est le contraire qui existe. Il n'y a donc pas à s'attarder sur ce point de la discussion.

Revenons-y, la Ressemblance n'est pas une grandeur absolue, mesurable en elle-même, c'est une réciprocité de proportion. Toutefois si deux termes quelconques d'une série de juxtaposition (horizontale) d'un système de généralité sont l'un vis-à-vis de l'autre dans un rapport réciproque, il ne s'ensuit pas de là que le rapport entre A et C, pour être réciproque, comme l'est aussi celui entre A et B, ne soit pas d'une autre valeur que ce dernier. En d'autres termes, si A ressemble à B comme B ressemble à A, et A à C comme C à A, il ne saurait en résulter que ces deux ressemblances soient égales entre elles, ou, pour être plus clair, que A et C se ressemblent entre eux au même degré que A et B. Dès lors, si dans la suite A, B, C, D, E, F, G, etc., nous prenons l'un de ces termes comme point de comparaison, nous pourrons comparer entre eux les différents degrés de ressemblance qui l'unissent aux divers autres termes, et sérier ceux-ci d'après la gradation de ces ressemblances distinctes.

Les résultats que donne une telle opération sont curieux à étudier. Au lieu de les exprimer *in abstracto*, ce qui serait peut-être un peu trop de fatigue pour le lecteur et pour l'auteur, nous allons nous contenter de les montrer aux yeux au moyen d'un exemple graphique Qu'on se reporte à notre Tableau II de classification ethnique.

Prenons d'abord *Dumont* pour terme de comparaison, c'est-à-dire le premier terme de la rangée, ce qui sera le cas le plus simple. *Aubry* étant de tous les termes qui suivent *Dumont* celui qui le suit de plus près par l'affinité ethnique, sa place logique est marquée où nous le trouvons, c'est-à-dire à la suite immédiate du terme de comparaison. Vient après, dans la rangée, *Gérard*. Celui-ci encore se trouverait à sa vraie place dans la série décroissante des ressemblances que nous nous proposons de construire. Mais une difficulté se présente : *Lebrun* n'est pas moins qualifié que *Gérard* sous ce rapport. En effet, si *Dumont* a pour similaire ethnique le plus proche *Aubry*, c'est parce qu'ils sont Caenois l'un et l'autre, et les seuls Caenois. Maintenant si *Gérard* a le droit de venir après, c'est comme Eboricien. Mais il partage cette qualité avec *Lebrun*, comme il la partagerait avec dix-neuf autres si le groupe Eboricien comptait vingt représentants au lieu de deux. Alors, pour que la progression se continue sans interruption, *Gérard* et *Lebrun* doivent fusionner en un seul terme, et ce terme, qui les réunit, c'est leur titre commun le plus prochain,   t-à-dire le terme *Eboricien*, leur supérieur immédiat en généralité.

Après *Dumont*, point de départ, notre progression

de ressemblance va à *Aubry*, et de celui-ci à *Gérard*
et *Lebrun*, *ex æquo*, c'est-à-dire à *Eboricien*, qui les
résume. La ligne droite de progression se brise donc
en *Aubry*, qui devient le sommet d'un angle dont le
côté en formation passe d'abord par *Eboricien*, terme
de la rangée des noms communs de 1er degré, situé
verticalement au-dessus du 2e tronçon du 2e degré
CE. Voyons maintenant quelle sera la prochaine
étape de notre progression en ligne oblique.

Après les deux termes équisimilaires *Gérard* et
Lebrun, vient *Hubert*; mais il est accompagné de
Ménard, dont la ressemblance avec *Dumont* va de
pair avec la sienne, puisqu'ils sont tous deux Rémois.
Mais ce n'est pas tout: cette équisimilitude s'étend
aux deux termes consécutifs, *Duval* et *Loisel*, du
groupe *Châlonnais*, puisque être de Reims ou être de
Châlons est absolument équivalent vis-à-vis de Caen
comme affinité ethnique. Donc, de même que *Gérard*
et *Lebrun* se sont confondus en *Eboricien*, par la
même raison les Rémois *Hubert* et *Ménard*, et les
Châlonnais *Duval* et *Loisel*, devront fusionner tous
les quatre ensemble dans le terme supérieur commun,
c'est-à-dire dans *Champenois*. Et en conséquence
notre oblique de progression se prolongera de *Eboricien* à *Champenois*.

Nous venons d'épuiser toutes les unités du premier
grand tronçon de 4e degré (ou groupe de 3e degré [1]),
nous voici au deuxième; *Schmidt* en est le terme
initial. Mais son proche voisin *Kœnig*, comme lui
Marbourgeois, est avec lui dans un même rapport de

---

1. Voir la note ci-dessus, p. 92.

nationalité vis-à-vis du terme de comparaison *Dumont*. Et il en est également ainsi de *Hahn* et *Müller*, Fuldois.

Voilà pour le grand groupe *Hessois*. Or le groupe *Badois*, qu'on me passe l'expression, est encore logé à la même enseigne, car vis-à-vis d'un Caenois (*Dumont*), le rapport de nationalité n'est pas plus étroit chez un Marbourgeois que chez un Fribourgeois, chez un Hessois que chez un Badois ; d'où il suit que les termes *Schmidt*, *Kœnig*, *Hahn*, *Müller*, *Meyer*, *Weiss*, *Vogel* et *Schœbel* s'effacent tous derrière le terme de 4e degré qui est leur représentant générique, c'est-à-dire derrière le terme *Allemand*.

Le lecteur n'a qu'à prendre son crayon, et à tracer cet intéressant itinéraire sur notre tableau ethnique II ; ce sera un supplément visuel à notre exposé. Il me reste à fournir le sujet de quelques autres tracés.

Pareille progression de ressemblance peut en effet s'établir en prenant pour point de comparaison un terme quelconque d'une rangée horizontale. Après avoir choisi d'abord le terme initial, choisissons maintenant le terme final, soit *Schœbel* au lieu de *Dumont*. La nouvelle progression donnera un tracé qui sera juste l'inverse de celui de la première : il ira de *Schœbel* à *Vogel*, de *Vogel* à *Heidelbergeois*, de *Heidelbergeois* à *Hessois*, de *Hessois* à *Français*.

Prenons cette fois un terme moyen dans le grand tronçon *Français* ; soit *Ménard*. Le terme qui suit immédiatement est *Duval*. Mais celui-ci appartient à un petit tronçon différent, et il a pour équivalent d'affinité son pareil, *Loisel*. *Duval* et *Loisel* se fondront alors dans le terme correspondant de l'horizontale qui vient immédiatement au-dessus, c'est-à-dire dans leur commun appellatif le plus prochain, qui est *Châlonnais*.

Après avoir quitté les deux Châlonnais *Duval* et *Loisel*, nous nous heurtons au Marbourgeois *Schmidt*. Mais la ressemblance qui rapproche, et la différence qui sépare — au point de vue ethnique — le Marbourgeois *Schmidt* du Rémois *Ménard*, point de départ de la série, sont entièrement partagées par son camarade *Kœnig*, comme lui Marbourgeois. Ce n'est pas tout : *Hahn*, qui vient immédiatement après sur la ligne de base, et son compagnon *Müller*, pour Fuldois qu'ils sont, n'en sont ni plus proches ni plus éloignés de *Ménard* que les deux Marbourgeois, en tant que parents de nationalité. Mais quoi ! l'on peut en dire encore autant de *Meyer* et de *Weiss*, de *Vogel* et de *Schœbel*. C'est assez dire que ces huit termes font masse, font balle pour ainsi dire au regard de *Ménard*, et leurs rapports individuels de ressemblance vis-à-vis de ce dernier, ainsi que leurs rapports en tant que *Marbourgeois*, *Fuldois*, *Heidelbergeois* ou *Fribourgeois*, et en tant que *Hessois* ou *Badois*, se résolvent tous en un seul rapport général supérieur, celui d'*Allemand* vis-à-vis de *Français*.

La nouvelle ligne sérielle va donc de *Ménard* à *Châlonnais*, et directement de *Châlonnais* à *Allemand*.

Cependant, dans cette sériation, nous ne nous sommes occupés que des termes faisant suite au point de comparaison (*Ménard*) sur la rangée de base ; mais il en est en outre toute une file qui le précèdent. C'est, dans l'ordre rétrograde, *Hubert*, *Lebrun*, *Gérard*,

Aubry, Dumont. Quelle sera la marche de la sériation de ce côté? Elle sera horizontale de *Ménard* à *Hubert*, son plus proche parent ethnique, Rémois comme lui. Après celui-ci vient *Lebrun*, et puis *Gérard*, qui s'équivalent, et qui doivent par conséquent se combiner en leur genre prochain, en *Eboricien*. Mais *Caenois*, terme commun d'*Aubry* et de *Dumont*, qui est le congénère d'*Eboricien* sur l'horizontale des termes généraux de 1er degré, est son égal comme ressemblance ethnique relativement à *Ménard*; ils devront alors se fondre tous deux dans *Normand*, leur genre commun de 2ᵉ degré.

La progression de ressemblance, ayant pour point de comparaison et de départ le terme *Ménard*, se fera donc en deux sens opposés, à droite et à gauche, et pourra être figurée par deux lignes divergentes, celle de droite, allant de *Ménard* à *Allemand* et passant par *Châlonnais*; l'autre, menée horizontalement de *Ménard* à *Hubert*, point où elle se brise pour se continuer obliquement, sans contact intermédiaire, jusqu'à *Normand*, où elle se termine.

* *

76. Ce n'est pas seulement l'ordre de généralité, qui met en présence les deux grands types sériels opposés, la série verticale, par superposition, progressive, et la série horizontale, par juxtaposition, tronçonnée. L'ordre de collectivité, l'ordre de hiérarchie, l'ordre de généalogie nous offrent le même dualisme. Qu'on se reporte à nos quatre tableaux en parallèle qui figurent ci-dessus au précédent chapitre (p. 72). Le parallétisme des quatre ordres en ressort d'une façon frap-

pante, principalement pour ce qui est de la dualité sérielle. Afin de le mettre plus encore en évidence nous allons former une synopsis nouvelle dont nous emprunterons les éléments à ces quatre tableaux.

I. — Séries Verticales.

GÉNÉRALITÉ.	COLLECTIVITÉ.	HIÉRARCHIE.	GÉNÉALOGIE.
Européen.	Europe.	Paris.	Noé.
Français.	France.	Bordeaux.	Sem.
Provençal.	Provence.	Lesparre.	Elam.

II. — Séries Horizontales.

GÉNÉRALITÉ. — Provençal. Gascon. Piémontais. Lombard.
COLLECTIVITÉ. — Provence. Gascogne. Piémont. Lombardie.
HIÉRARCHIE. — Lesparre. La Réole. Arles. Aix.
GÉNÉALOGIE. — Elam. Assur. Gomer. Javan.

Provençal, Français, Européen se superposent en progression de Généralité ; *Provence, France, Europe* se superposent en progression de Collectivité ; *Lesparre, Bordeaux, Paris,* se superposent en progression de Hiérarchie ; *Elam, Sem, Noé* se superposent en progression de Généalogie (du descendant à l'ascendant).

Provençal, Gascon, Piémontais, Lombard ne forment pas de progression ; ces termes sont juxtaposés, et s'offrent comme quatre tronçons de 1ᵉʳ degré de Généralité, se réunissant deux par deux en deux tronçons de 2ᵉ degré sous les titres de *Français* et *Italien*, et puis en un tronçon total de 3ᵉ degré sous le titre d'*Européen*. — *Nota* : Les tronçons composants ne sont assujettis à aucun ordre de succession dans le tronçon composé.

Provence, Gascogne, Piémont, Lombardie, ne forment pas de progression ; ces termes sont juxtaposés, et nous représentent quatre tronçons de 1ᵉʳ degré de Collectivité, qui se réunissent deux par deux pour former deux tronçons de 2ᵉ degré, appelés *France* et *Italie*, qui se réunissent à leur tour en un tronçon global de 3ᵉ degré intitulé *Europe*. — *Nota* : Les tronçons composants ne sont assujettis à aucun ordre de succession dans le tronçon composé.

Lesparre, La Réole, Arles, Aix, ne forment pas de progression, ce sont des termes juxtaposés qui nous offrent quatre tronçons de 1ᵉʳ degré de Hiérarchie se réunissant deux par deux pour constituer deux tronçons de 2ᵉ degré sous les suprématies de *Bordeaux* et *Marseille*, leurs supérieurs hiérarchiques immédiats, lesquels se réunissent à leur tour en un tronçon global de 3ᵉ degré sous la suprématie souveraine de *Paris*, sommet de la hiérarchie. — *Nota* : Les tronçons composants ne sont assujettis à aucun ordre de succession dans le tronçon composé.

Elam, Assur, Gomer, Javan ne forment pas de progression ; ce sont des termes juxtaposés nous présentant quatre tronçons de 1ᵉʳ degré de Généalogie ascendante, qui se réunissent deux par deux pour constituer deux tronçons de 2ᵉ degré sous les paternités de *Sem* et *Japhet*, leurs ascendants immédiats respectifs, lesquels se réunissent à leur tour en un tronçon global de 3ᵉ degré, sous l'ascendance suprême de Noé, le commun ancêtre. — *Nota*. Ici encore, comme dans les trois autres Ordres, les tronçons composants ne sont assujettis à aucun ordre de succession dans le tronçon composé.

77. Nous nous sommes arrêtés longuement à faire voir comment les séries horizontales d'un système de classification selon l'Ordre de Généralité ne sauraient offrir, tout au moins dans une catégorie de cas déterminée (cette réserve trouvera son explication tout à l'heure), le caractère de séries progressives de Généralité ni de Ressemblance. Deux mots nous suffiront maintenant pour montrer que les séries horizontales d'un système Collectif, Hiérarchique, ou Généalogique, se montrent impropres à présenter, dans la succession de leurs termes, une progression de Collectivité, de Hiérarchie ou de Généalogie.

En effet, et par définition, tous les termes d'une série horizontale de Collectivité ou Composition appartiennent à un même degré de composition ; tous les termes d'une même série horizontale de Hiérarchie appartiennent à un même degré de hiérarchie ; tous les termes d'une même série de Généalogie appartiennent à un même degré généalogique.

Ainsi il ne saurait y avoir de progression Collective entre les termes *Provence, Gascogne, Piémont, Lombardie*, premièrement, parce qu'ils ne sont ni composants ni composés l'un à l'égard de l'autre ; secondement, parce qu'ils appartiennent tous à un même rang de composition, le rang de Province. Et pareillement des deux termes formant la série horizontale supérieure, *France, Italie*. Ce sont des co-parties d'un même tout, l'*Europe*, et des co-parties d'un même rang de composition, c'est-à-dire des Etats.

Pour une raison analogue il ne saurait y avoir progression de Hiérarchie, en matière de géographie politique, entre les termes de la série horizontale *Lesparre, La Réole, Aix, Arles,* ces villes étant toutes Chefs-lieux d'Arrondissement. Il ne peut y en avoir non plus entre les termes de la série horizontale supérieure, *Bordeaux* et *Marseille,* Chefs-lieux de Département.

Enfin arrivant aux séries horizontales de Généalogie, on voit clairement qu'*Elam, Assur, Gomer, Javan,* ne peuvent être généalogiquement subordonnés les uns aux autres, attendu qu'ils sont tous descendants au même degré du commun grand-père ; et il en est de même de *Sem* et *Japhet*, qui sont frères.

*
* *

78. Cependant, au point où nous venons de parvenir, une difficulté se rencontre, aussi sérieuse qu'imprévue, qui menace de ruiner notre construction théorique ci-dessus. Ne se peut-il donc pas rencontrer une Série Progressive concrète, d'Ordre quelconque, dont les termes seraient susceptibles d'être classés suivant leur Ressemblance, c'est-à-dire de constituer les objets et de former la base d'un système de Généralité ? Pour cela ne suffirait-il pas que de tels objets se trouvassent unis entre eux par un caractère commun d'une généralité intégrale, et formés ensuite en groupes divers et de différents degrés par d'autres caractères communs de différentes extensions partielles ? Mais passons tout de suite à un exemple pour ne pas user nos forces à planer trop longtemps dans le pur abstrait.

Soit seize individus échelonnés par rang de taille en une progression arithmétique dont la « raison » sera, je suppose, deux centimètres, c'est-à-dire que le plus petit de nos hommes aura, si l'on veut, 1 m. 50 ; celui qui le suivra immédiatement, 1 m. 52 ; le suivant, 1 m. 54 ; et ainsi de suite. Nous aurons là, certes, la série vraie, la série progressive. Eh bien, supposons maintenant que ces seize personnes de différentes tailles soient précisément les mêmes qui figurent à la base de notre système de classification ethnique ci-dessus sous les noms de *Dumont, Aubry, Gérard, Lebrun*, etc. En ce cas, contrairement à la règle précédemment posée, dans le système donné la série horizontale ne serait pas moins progressive que la série verticale.

Pourrait-on écarter l'objection, ou du moins l'atténuer, par la remarque que la catégorie au point de vue de laquelle les termes de la série horizontale se trouvent soumis accidentellement à une succession progressive définie, est autre que celle sur laquelle est fondé le système dont cette série forme la base, celle-ci étant le rapport de nationalité, celle-là le rapport de taille ?

La distinction est juste, et, dans l'espèce, elle porte ; mais il est facile de modifier l'exemple de telle façon qu'elle n'ait plus d'objet. Pour simplifier, à la série de tailles concrète (c'est-à-dire représentée par des sujets) ci-dessus, substituons la série abstraite qui en est le fond, la série pure des 16 tailles, allant de 1 m. 50 à 1 m. 80 sur le module d'accroissement de 2 centimètres. La série se présentera donc comme il suit :

1 m. 50, 1 m. 52, 1 m. 54, 1 m. 56, 1 m. 58, 1 m. 60,
1 m. 62, 1 m. 64, 1 m. 66, 1 m. 68, 1 m. 70, 1 m. 72,
1 m. 74, 1 m. 76, 1 m. 78, 1 m. 80.

Cette série est une progression, et des mieux carac-
térisées. Ce premier point établi, demandons-nous
pourquoi les 16 tailles qui constituent les termes
d'une telle progression ne pourraient pas être considérées comme autant d'objets à classer suivant
l'ordre de Généralité, et sans sortir de la catégorie
de la dimension en hauteur ; nous ne découvrirons
rien qui s'y oppose. Voyons maintenant comment
la chose peut s'effectuer.

Je découpe ma série en 4 tronçons comprenant
chacun 4 termes. Le 1ᵉʳ tronçon, en commençant à
gauche, comprend les 4 tailles 1 m. 50, 1 m. 52, 1 m. 54,
1 m. 56; le 2ᵉ, les tailles 1 m. 58, 1 m. 60, 1 m. 62,
1 m. 64 ; le 3ᵉ, les tailles 1 m. 66, 1 m. 68, 1 m. 70,
1 m. 72 ; le 4ᵉ, les tailles 1 m. 74, 1 m. 76, 1 m. 78,
1 m. 80.

De chacun de ces 4 tronçons formés de termes particuliers je fais un terme général, et de là 4 termes
généraux que j'exprime respectivement, en suivant
l'ordre croissant, par : Taille *Petite*, Taille *Médiocre*,
Taille *Avantageuse*, Taille *Grande*.

J'accouple ensuite mes 4 grands tronçons, Taille
petite avec Taille *médiocre*, Taille *avantageuse* avec
Taille *grande* ; et j'obtiens ainsi 2 grands tronçons
d'une nouvelle puissance dans lesquels je vois 2 termes généraux d'un degré plus élevé, que je rends par
ces expressions : Taille *Inférieure*, Taille *Supérieure*.
Et enfin ces deux termes généraux de haute extension
se réunissent à leur tour en un terme synthétique, la

Taille.	Taille.	Taille.	Taille.	Taille.	Taille.	Taille.	Taille.
T. Inférieure.	T. Inférieure.	T. Inférieure.	T. Inférieure.	T. Supérieure.	T. Supérieure.	T. Supérieure.	T. Supérieure.
T. Petite.	T. Petite.	T. Médiocre.	T. Médiocre.	T. Avantageuse	T. Avantageuse	T. Grande.	T. Grande.
T. 1 m.50.	T. 1 m. 52.	T. 1 m. 58.	T. 1 m. 60.	T. 1 m. 68.	T. 1 m. 70.	T. 1 m. 74.	T. 1 m. 80.

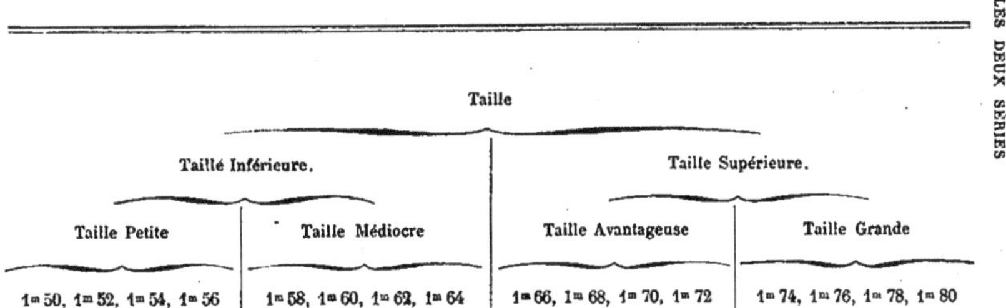

Taille, dont la généralité est entière, s'étend aux 16 objets de la classification, et fait un tout compact de la série totale.

Voilà donc une classification de tailles d'après l'ordre de Généralité, dont le système repose sur une suite horizontale de termes qui elle-même est une progression de tailles.

Pour permettre à l'esprit de saisir plus facilement ce résultat paradoxal, nous allons le décomposer. Voici d'abord, comme spécimen, quelques-unes des 16 séries verticales dont se compose le système, présentées à l'état analytique dans un premier tableau (p. 111). Le tableau au-dessous montre la disposition que présentera l'entier système dans sa construction synthétique.

79. Nous remarquerons en passant que dans ce système ce n'est pas seulement la ligne horizontale de base qui constitue une progression, mais qu'il en est de même des horizontales supérieures, soit : *Taille Petite, Taille Médiocre, Taille Avantageuse, Taille Grande* ; soit : *Taille Inférieure, Taille Supérieure.*

Autre remarque importante : il découle de ce qui précède que toute progression concrète, une progression thermométrique, par exemple, peut servir de base à un système correspondant de classification d'après l'ordre de Généralité. En effet, une telle progression rentrera toujours à cet égard dans le cas de la progression de tailles ci-dessus ; c'est-à-dire que ses degrés particuliers (ses termes, ses unités premières) pourront se grouper en des degrés généraux de premier rang générique, et que ceux-ci à leur tour pourront se réunir en différents degrés généraux d'une extension supérieure, et ainsi de suite jusqu'à la constitution d'un degré général unique et synthétique.

Pour éviter qu'il y ait confusion ou obscurité sur le sens précis que nous donnons ici à ces expressions de *degré particulier* et de *degré général* de différent rang ou degré de généralité, nous dirons, en nous reportant au tableau ci-dessus (système de classification de tailles), que les tailles *1 m.50, 1 m.52, 1 m.54,* etc. sont des degrés particuliers ou individuels de cette progression de tailles ; que les termes : *Taille Petite, Taille Médiocre, Taille Avantageuse, Taille Grande,* en sont les degrés généraux primaires ; que les termes : *Taille Inférieure, Taille Supérieure,* en sont les degrés généraux secondaires ; et qu'enfin le terme *Taille* sans épithète en est le degré synthétique.

Si, au lieu d'une progression de tailles, il s'agissait d'une progression de température à soumettre à une classification d'après l'ordre de Généralité, nous pourrions avoir, premièrement, comme série de base, la graduation du thermomètre, et comme séries de Généralité superposées, d'abord celle-ci partagée en quatre Températures générales, deux extrêmes et deux moyennes ; puis une série à deux termes plus généraux, dont l'une réunissant les Températures extrême et moyenne supérieures, et l'autre, la moyenne et l'extrême inférieures ; et enfin une généralité synthétique, l'unique terme *Température* tout court.

.·.

80. Parvenus à ce point de notre recherche, une nouvelle question nous arrête. Il est impossible de ne pas se demander maintenant, et avec une curio-

sité anxieuse, quelle est la condition diverse des objets à classer qui fait que, pour certains, le système de la classification exclut les séries horizontales progressives, et qu'il les comporte pour d'autres. La difficulté, croyons-nous, peut être levée sans peine.

Il est des catégories d'objets dont les ressemblances et les différences mutuelles résultent de ce qu'il existe entre eux plus ou moins de *modes* communs. Chez les autres, les objets se ressemblent et diffèrent plus ou moins suivant le *degré* divers auquel ils possèdent, les uns par rapport aux autres, un même mode constitutif.

Les premiers sont purement *classables*, c'est-à-dire aptes à être idéalement distribués par classes ou groupes de différents « degrés métaphysiques » — pour parler le langage de l'Ecole —, mais sans être nécessairement assujettis à aucune règle de succession dans chaque groupe.

Les seconds sont classables, et, en outre, *sériables*; et par ce dernier mot on doit entendre qu'ils sont enchaînés l'un à l'autre par une gradation continue.

Qu'on se reporte à notre tableau de classification ethnique ci-dessus et à l'abondant commentaire qui l'accompagne : on se rendra facilement compte que les objets proposés peuvent se distribuer d'abord en groupes étroits dits primaires, qui correspondent au plus haut degré de ressemblance ethnique. Et qu'est-ce qui constitue le plus haut degré de ressemblance ethnique qui unit étroitement Dumont et Aubry, Gérard et Lebrun, Hubert et Ménard... Schmidt et Kœnig, Meyer et Weiss, etc. ? C'est que les deux associés de chacun de ces groupes appartiennent à la fois à la même partie du monde, à la même nation, à la même province, et à la même ville ; c'est-à-dire qu'ils représentent la même série de *modes* ethniques généraux. Qu'est-ce qui fait maintenant qu'Aubry et Gérard appartiennent à deux groupes primaires distincts et font partie du même groupe secondaire ? La raison en est qu'ils ne sont pas de la même ville, mais sont de la même province, ce qui revient à dire que sur quatre modes ethniques généraux superposés, trois leur sont communs, mais qu'ils diffèrent quant au quatrième. Et maintenant (pour couper au plus court) d'où vient-il qu'entre Aubry et Meyer le lien de ressemblance ethnique soit le plus relâché, je veux dire que la ressemblance soit la plus faible possible, et la différence la plus forte possible ? C'est parce qu'entre ces deux termes de la série d'objets proposée, seul existe le mode général le moins compréhensif et le plus extensif, le mode dit Européen.

La communauté et la non-communauté relatives de *modes*, telle est donc la mesure des ressemblances et des différences sur lesquelles se fonde un système de Généralité.

Cela dit, passons au tableau de classification des Tailles.

81. Ici encore on pourrait soutenir avec raison que la classification par groupes d'unités et par groupes de groupes exprime synthétiquement des ressemblances et des différences diverses procédant d'une communauté et d'une non-communauté relatives de modes

généraux qui ont été désignés par les expressions suivantes : Taille *petite*, Taille *médiocre*, Taille *avantageuse*, Taille *grande* ; Taille *inférieure*, Taille *supérieure*. Cela est très vrai, mais de tels modes ne
sont autres qu'une unification générique, sous un
appellatif commun, des différents degrés compris dans
un tronçon de progression qui a été fractionnée par
des coupes plus ou moins rationnelles, plus ou moins
arbitraires, pour constituer la base d'un système de
classification d'ordre de Généralité. Aussi, ainsi que
nous l'avons constaté plus haut, ces appellatifs généraux d'un même degré de généralité, qui se rangent
parallèlement à la ligne des objets, forment, à l'instar
de ceux-ci, une progression. Sous ce rapport, le contraste, déjà signalé, est frappant entre le système de
classification à base d'objets insériables (exemple :
le tableau de classification ethnique), et celui à base
d'objets sériables (ex. : le tableau de classification de
tailles).

De ce qui précède nous tirerons cette conclusion
pratique, que le classificateur doit se préoccuper de
déterminer au préalable si les objets qu'il a à classer
se différencient et s'assimilent par un *rapport de
mode*, ou par un *rapport de degré*, et conséquemment
s'il doit se borner à les *classer*, ou si en outre ils sont
susceptibles d'être *sériés*. C'est pour avoir négligé
cette distinction, je le répète, que savants et logiciens
ont fait fausse route en s'évertuant à sérier là où il
y avait simplement lieu à classification.

.·.

82. Encore un corollaire qui n'est pas dénué d'in-

térêt au point de vue de la taxinomie appliquée :

Le Mode peut se diversifier en degrés ; le Degré peut se diversifier en modes.

La Zootaxie nous offre une illustration remarquable de cette vérité. *La complication de structure,* dans l'organisation animale, est un mode général qui se diversifie en une longue série de degrés, et c'est cette série qui constitue l'axe de la classification des animaux.

Mais ce que les naturalistes classificateurs avaient manqué d'apercevoir jusque dans ces derniers temps, c'est que chacun des degrés de Complication de Structure se diversifie à son tour en un nombre plus ou moins grand de modes spéciaux de Structure, qui deviennent pareillement le point de départ d'autant de séries secondaires divergentes dont chaque degré se diversifie également en plusieurs modes collatéraux donnant naissance à pareil nombre de séries tertiaires ; et ainsi de suite progressivement jusqu'à une limite indéterminée ; — ce qui fait que le règne animal ne se distribue pas en une simple échelle unilinéaire, comme tant d'illustres zoologistes l'ont tenu pour vrai, avant et après Cuvier, mais en un arbre chargé de branches et de ramifications de tout ordre [1].

1. Dans les différents arbres phylogéniques (en botanique, en zoologie, en linguistique), c'est tantôt l'évolution en *modes,* c'est-à-dire l'évolution divergente, qui prédomine, et tantôt l'évolution en *degrés,* c'est-à-dire l'évolution progressive. Chacune de ces deux conditions opposées se reflète d'une façon distincte dans la forme de l'arbre. Dans le premier cas, il est multicaule et touffu ; dans le second, c'est une tige élancée et peu chargée de ramure. Sous ce rapport, l'arbre botanique et l'arbre zoologique sont en contraste marqué, celui-ci se rattachant au type allongé, celui-là au type trapu. En zoologie, l'arbre des Oiseaux et celui des

Ceci est une question de taxinomie spéciale particulièrement importante, sur laquelle nous aurons à revenir tout à l'heure ; pour le moment nous n'y insisterons pas davantage.

On verra que cette loi est d'une application générale si on se reporte encore une fois à notre synopsis des quatre grands ordres taxinomiques (p. 72).

Et d'abord le tableau de Généralité. C'est un système de classification concrète de mode ethnologique dont le squelette est une série abstraite de trois degrés de généralité qui sont, en allant de haut en bas : 1° *Continental*, ou habitant d'un continent ou partie du monde ; 2° *National* ; 3° *Provincial*. Le premier de ces trois degrés abstraits est représenté par un seul mode concret, *Européen* ; le 2° est représenté par deux modes concrets, *Français, Italien* ; le 3° est représenté par quatre modes concrets, *Provençal, Gascon, Piémontais, Lombard*.

Passons au tableau de Collectivité. C'est un système de classification concrète de mode géographique dont le squelette est une série abstraite de trois degrés de composition, qui sont, en procédant de haut en bas: 1° *Partie du monde* ; 2° *Etat* ; 3° *Province*. Le premier de ces trois degrés abstraits est représenté par un seul mode concret, *Europe* ; le 2° est repré-

---

Mammifères s'opposent pareillement l'un à l'autre, les premiers offrant une extrême variété par divergence de formes, et ne se différenciant qu'imperceptiblement quant au degré d'organisation, tandis que les autres réalisent les deux conditions opposées.

L'arbre des langues Romanes, qui sont autant de rejetons ayant tous le même niveau d'insertion sur la souche commune, le latin, et dont chacun se ramifie en un nombre infini de dialectes locaux, cet arbre languistique n'est à vrai dire qu'une grosse touffe broussailleuse.

senté par deux modes concrets, *France, Italie* ; le 3ᵉ est représenté par quatre modes concrets, *Provence, Gascogne, Piémont, Lombardie.*

Nous arrivons au tableau de Hiérarchie. C'est un système de classification concrète de mode de géographie politique ayant pour squelette une série abstraite de trois degrés hiérarchiques, qui sont, dans l'ordre descendant : 1° *Capitale* ; 2° *Chef-lieu de Département* ; 3° *Chef-lieu d'Arrondissement.* Le premier de ces trois degrés abstraits est représenté par un seul mode concret, *Paris* ; le 2ᵉ, par deux modes concrets, *Bordeaux, Marseille* ; le 3ᵉ, par quatre modes concrets, *Lesparre, La Réole, Arles, Aix.*

Reste le tableau de Généalogie. C'est un système de classification concrète de mode physio-génésique construit sur une série abstraite de trois degrés généalogiques, qui sont, en allant du sommet à la base : 1° *Auteur commun* ; 2° *Fils* ; 3° *Petit-fils.* Le premier de ces trois degrés abstraits est représenté par un seul mode concret, *Noé* ; le 2ᵉ, par deux modes concrets, *Sem, Japhet* ; le 3ᵉ, par quatre modes concrets, *Elam, Assur, Gomer, Javan.*

Ma proposition se trouve démontrée, ou pour le moins expliquée, par le rapprochement de ces divers exemples.

VIII

UNE CORRÉLATION TERNAIRE DES QUATRE
ORDRES TAXINOMIQUES

83. Les quatre grands ordres taxinomiques qui viennent d'être distingués, et considérés tout à la fois séparément et comparativement, ont encore cela de
commun entre eux que l'ensemble des rapports de
chacun d'eux se partage d'après une triple catégorie
de relations générales qui est la même pour tous. Il
s'agit de trois catégories corrélatives qui, prises dans
leur généralité, c'est-à-dire abstraction faite des modes particuliers par lesquels elles se différencient
d'un Ordre à l'autre, peuvent être rendues par ces
mots : *Supériorité, Égalité, Infériorité.* (On en
trouverait encore un paradigme plus purement abstrait, plus absolu, dans ces trois rapports de Quantité
exprimés par les signes : +, =, —.)

Les termes spéciaux correspondants pour chaque
Ordre nous sont présentés dans le tableau synoptique
ci-après, que nous ne donnons toutefois que comme
un premier projet qui a besoin d'être mûri.

	Généralité.	Collectivité	Hiérarchie.	Généalogie.
SUPÉRIEUR.	Générique.	Tout.	Chef.	Ascendant.
EGAL.	Congénère.	Co-partie.	Egal.	Collatéral.
INFÉRIEUR.	Spécifique.	Partie.	Sous-ordre	Descendant.

Pour ce qui est de l'ordre Généalogique, la relation

d'Egalité ne répond exactement qu'à ce que nous avons appelé la Collatéralité *uniplane*. Les collatéraux de cette classe comportent légitimement la qualification d'Égaux en ce qu'ils occupent tous un même étage généalogique. Quant à la Collatéralité *oblique*, celle qui existe par exemple entre l'oncle et le neveu, entre le sous-oncle et le sous-neveu, elle ne saurait rentrer dans la catégorie d'Égalité. A laquelle de nos trois catégories cardinales faudra-t-il donc la rattacher ?

La question ne se pose pas uniquement pour l'ordre généalogique, la relation de Collatéralité Oblique s'observant également dans les trois autres ordres. Il existe en effet entre tous cette haute unité de loi que les rapports de chacun d'eux correspondent à des rapports de position dans l'espace et peuvent être figurés par le même schème arboriforme. A l'arbre généalogique s'ajoutent les arbres hiérarchique, collectif et générique, et tous les quatre peuvent se ramener à une seule et même figure.

Prenons l'arbre généalogique comme type et terme de comparaison. On y a très justement distingué la subordination de filiation, dite « en ligne directe », comme s'expriment les juristes et les généalogistes, et la subordination « en ligne collatérale ».

En effet, l'Oncle est un ascendant ou Supérieur généalogique, et un supérieur du même degré que le Père, en ce sens que, dans le diagramme généalogique à coordonnées rectilignes (V. le Tabl., p. 141), ils sont tous deux sur la même horizontale, et que le premier est séparé du Neveu, et le second est séparé du Fils, par un même intervalle vertical. Mais il y a entre eux

cette différence essentielle que, tandis que le Père et
le Fils sont sur la même verticale, l'Oncle et le Neveu
sont sur deux verticales distinctes.

L'ascendance ou Supériorité généalogique du Père
est ainsi une supériorité *directe* (ne pas confondre
direct avec *immédiat*) ; celle de l'Oncle ou Sous-
Oncle est une supériorité *indirecte, latérale, oblique.*

Ce rapport de Supériorité et d'Infériorité latérales
ou indirectes se retrouve dans chacun des trois autres
Ordres, nous l'avons dit ; il s'agit maintenant de l'y
faire voir. Commençons par l'ordre de Hiérarchie.

La corrélation du rapport entre l'Ascendant et le
Descendant Directs avec le rapport entre le Chef et le
Sous-ordre, est assez frappante pour se passer de démonstration ; et il en est de même de la corrélation
du rapport entre Frères et entre Cousins avec le rapport entre les titulaires d'un même grade.

Mais où trouverons-nous, dans la hiérarchie militaire par exemple, l'équivalent du rapport entre Oncle et Neveu, entre Sous-Oncle et Sous-Neveu, et
l'équivalent de la gradation de l'avonculat et du népotat?

Les Supérieurs et les Inférieurs du même grade se
partagent respectivement en deux catégories bien
tranchées, mais dont la distinction a été négligée
jusqu'ici au point de vue théorique. Il y a les supérieurs et inférieurs *directs* et *effectifs* ; il y a les supérieurs et inférieurs *indirects, latéraux*, et pour
ainsi dire *honoraires* et *nominaux.*

Le Supérieur Direct est, avec ses Inférieurs Directs,
en filiation hiérarchique. Cela revient à dire que les
inférieurs directs font partie du groupe de Collectivité

dont leur supérieur direct est le chef; ou, réciproquement, que le supérieur direct est le chef du groupe dont ses inférieurs directs font partie.

Le Supérieur Indirect est avec ses Inférieurs Indirects en collatéralité hiérarchique. Et ce qu'il faut entendre par là, c'est que ce Supérieur et ces Inférieurs ne sont tels que par leur supériorité ou infériorité réciproques de grade; que ce supérieur n'est point le chef titulaire de ces inférieurs; qu'en un mot le premier n'est point placé à la tête du groupe de Collectivité auquel appartiennent les seconds, mais à la tête d'un groupe *à côté*.

Le capitaine de ma compagnie est mon supérieur; le capitaine d'une autre compagnie de mon bataillon est aussi mon supérieur, et un supérieur du même grade; et de même de tous les capitaines des autres bataillons de mon régiment, ou des autres régiments de ma brigade, etc.; mais ces différents capitaines, pour être tous égaux de grade, sont loin d'avoir tous avec moi la même affinité, la même parenté hiérarchique. Le capitaine de ma compagnie, mon chef direct, sera mon père hiérarchique; les autres capitaines de mon bataillon seront mes oncles hiérarchiques au premier degré; ceux des autres bataillons de mon régiment seront mes oncles hiérarchiques au deuxième degré; ceux d'un régiment différent dans la même brigade, mes oncles hiérarchiques au troisième degré; et ainsi de suite. Et il y aurait encore lieu à une distinction par armes, qui vient compliquer la série des rapports de parenté hiérarchique.

Venons à l'ordre de Collectivité.

Le composé dont un élément fait partie en est le

Supérieur collectif Direct ; et réciproquement cet élément est son Inférieur collectif Direct.

Tout autre composé de même rang sera aussi, pour ce même élément, un Supérieur, mais un Supérieur Indirect. Et tout autre élément de même rang, mais faisant partie d'un composé différent, sera pour le premier composé un Supérieur Indirect.

Et ici encore la supériorité et l'infériorité directes constitueront une sorte de filiation de collectivité ; et d'un autre côté le supérieur et l'inférieur seront entre eux dans le rapport d'oncle à neveu collectifs.

Le bataillon dont fait partie une compagnie sera pour elle un père collectif, et elle en sera la fille collective ; tout autre bataillon du même régiment sera son oncle collectif, et elle en sera la nièce collective, et pareillement toute autre compagnie du même bataillon sera une nièce collective pour tous les autres bataillons du même régiment. Je crois inutile de poursuivre plus loin ce développement.

Nous voici arrivés à l'ordre de Généralité.

Le Genre est le Supérieur Direct et le père générique de ses Espèces, et celles-ci sont ses Inférieures Directes et ses filles génériques.

Deux Genres du même degré appartenant à un même genre supérieur sont chacun le Supérieur Indirect et l'oncle générique des Espèces de l'autre ; et toute espèce est l'Inférieure Indirecte et la nièce générique de tout Genre de même degré autre que le sien. L'espèce Vertébré a pour genre prochain l'Animal, qui est par conséquent son supérieur direct et son père générique. Celui-ci a à son tour pour genre prochain, et conséquemment pour supérieur direct et père générique, le Vivant ; et il a en outre pour congénère et frère générique le Végétal, dont l'une des espèces est la Cotylédone. Le Vertébré et la Cotylédone seront dès lors deux cousins génériques, qui auront respectivement pour Supérieur Indirect ou oncle générique : le premier, le genre Végétal ; la seconde, le genre Animal.

Au lecteur je laisse le soin de développer cet intéressant parallèle et d'en tirer les curieux enseignements qu'il recèle.

*
**

84. A propos de cette corrélation ternaire des quatre ordres taxinomiques qui fait le sujet du présent chapitre, nous ferons remarquer que nous nous sommes appliqué jusqu'ici à signaler toutes les similitudes et toutes les analogies que nous avons pu découvrir entre eux. Mais n'ont-ils pas encore d'autres points communs ? Mais à ces grands types taxinomiques abstraits n'y a-t-il pas une synthèse où ils fusionneraient tous quatre en un type unique d'une abstraction plus haute encore ? Et, d'autre part, est-il prouvé que ces mêmes quatre ordres se partagent à eux seuls l'entier domaine de la Taxinomie ?

Ces questions, dont on appréciera la gravité, m'ont été posées par des hommes d'un savoir éminent, et d'une remarquable pénétration métaphysique, que j'ai pris la précaution de consulter dans le trop juste sentiment que j'ai de mon insuffisance. Je leur répondrai sincèrement et modestement que dans ces *Aperçus* de Taxinomie générale j'ai exposé entièrement, du moins en substance, tout ce que je possédais de lumières, ou plutôt de lueurs, en cette obscure et abstruse matière. Les quatre ordres abstraits que j'ai signalés, définis et décrits, sont les seuls qui me soient apparus. J'avais bien songé en outre à un Ordre Historique ou Chronologique, mais j'ai cru reconnaître, après réflexion, qu'il ferait une sorte de double emploi avec l'ordre d'Evolution. Je crois pouvoir dire avec toute certitude et avec une claire intuition (sauf mon respect pour nos géomètres non euclidiens) que toutes les dimensions imaginables et concevables peuvent se ramener aux trois dimensions classiques ; mais je ne comprends pas aussi clairement et aussi impérativement qu'il n'y ait rien et ne saurait rien y avoir, en taxinomie,. en dehors de l'un ou l'autre des ordres de Généralité, de Collectivité, de Hiérarchie et de Généalogie. Je suis arrivé à cette quadruple distinction, qui me paraît incontestablement juste et utile en même temps que nouvelle, non pas en procédant par déduction, par *a priori*. Un tel résultat n'a pas été obtenu comme une conséquence nécessaire tirée d'un principe préalablement établi. Ma méthode de recherche a été au contraire purement empirique. Au lieu de me porter sur une hauteur culminante d'où j'aurais pu embrasser d'un coup d'œil mon champ d'exploration en son entier, et en tracer commodément le contour et la configuration intérieure, je me suis jeté d'emblée, tête baissée, à travers les fourrés d'une terre sauvage, allant à l'aventure et me bornant à relever les points intéressants que je rencontrais sur mes pas. A d'autres de tirer une œuvre achevée de mon informe ébauche en s'y prenant mieux que je n'ai su faire.

85. Avant de clore ce chapitre sur la série des trois relations cardinales communes aux différents ordres taxinomiques, je crois devoir faire connaître une application pratique assez intéressante de cette conception, dont l'idée me vint pour la première fois il y a 53 ans, alors que j'étudiais à Montpellier. Toutefois à cette époque je ne possédais que la notion de l'ordre de généralité et de l'ordre de collectivité ; celle des ordres de hiérarchie et de généalogie me manquait encore.

Je me disais : Ce qu'exprime un nom commun étant à la fois le genre d'un certain nombre d'espèces, l'une des espèces d'un genre supérieur, et le congénère des autres espèces de ce genre ; et d'autre part l'objet que désigne ce nom commun étant en même temps un composé formé de certaines parties, le composant d'un composé supérieur, et la co-partie des autres éléments de ce même composé ; il résulte, pensais-je, de cet enchaînement de rapports que toutes les idées se tiennent. Et on conçoit dès lors un vocabulaire méthodique ainsi constitué qu'il offrirait la précieuse solution du problème suivant : *Etant présente à notre esprit une idée dont nous ignorons l'expression, arriver, par une méthode sûre et facile, à découvrir cette expression.*

Pour réaliser un tel desideratum, que fallait-il ? Une chose bien simple : Faire suivre le nom de chaque chose du nom de ses corrélatifs prochains suivant les ordres de généralité et de composition. Car il suffirait alors de posséder un des corrélatifs quelconques de l'expression cherchée pour trouver celle-ci. Donnons un exemple :

Je pense à l'objet appelé *canapé*, mais j'ignore son nom, et pour le connaître je n'ai qu'une ressource : indiquer la chose du doigt à quelqu'un de mieux informé. Mon dictionnaire, en ceci tout différent des autres, me tirerait d'embarras beaucoup plus facilement, et c'est tout un choix de moyens aussi commodes que sûrs qu'il met à ma disposition pour cela.

1° Le Canapé est un Siège, et ce dernier m'est connu à la fois comme chose et comme nom. J'ouvre mon dictionnaire systématique, et je vais droit à ce nom connu. Or celui-ci est un nom général (générique), et comme tel il est accompagné des noms des différentes espèces du genre, c'est-à-dire des noms respectifs des différentes espèces de sièges. Parmi eux se trouvera donc le mot cherché ; ce sera celui, ou l'un de ceux, dont la signification me sera inconnue. J'irai alors à ce mot ou à ces mots dans mon dictionnaire — ou dans tout autre dictionnaire — et la définition lèvera mes doutes.

2° Le Canapé lui-même est un objet général ou genre qui s'étend à plusieurs espèces. Sachant le nom de l'une quelconque de ces espèces de Canapé que distingue le vocabulaire du tapissier, je vais à ce nom dans mon dictionnaire, et je le trouve suivi du nom de genre corrélatif, qui fait l'objet de ma recherche.

3° Le Canapé a des égaux génériques, notamment la Chaise et le Fauteuil, dont je connais le nom. Je m'adresse alors à l'un de ces noms, dans mon dictionnaire, et dans la liste des noms congénères qui l'accompagne je découvre le mot à trouver.

4° Le Canapé fait partie d'un tout qu'on appelle le Mobilier, et ce nom m'est familier. Je le consulte, — toujours dans mon dictionnaire systématique — et il me mène au mot *canapé,* qui doit nécessairement figurer dans l'énumération des noms des divers composants du Mobilier.

5° Le Canapé est en même temps un composé formé d'un certain nombre de parties prochaines. Le nom d'une seule de celles-ci, le mot *dossier,* par exemple, qui me sera connu, me donnera ma solution en me révélant son collectif.

6° Enfin le Canapé a des co-parties dans le composé Mobilier ; il me suffira de connaître le nom d'une seule de celles-ci — le mot *lit* ou *armoire,* je suppose — pour avoir le nom de toutes les autres, et par conséquent celui qui me manque.

Je soumis un jour cette vue à Littré. C'était à l'époque où il venait d'entreprendre la composition de son dictionnaire de la langue française. Je ne réussis qu'à demi, je crois, à lui faire reconnaître la haute valeur que j'attachais à ma conception au point de vue lexicographique ; il m'exprima toutefois le regret d'avoir déjà fait son siège, c'est-à-dire d'être trop avancé dans l'exécution de son œuvre pour en modifier le plan et utiliser mon invention. Les choses en sont restées là.

INCOHÉRENCES DE LA NOMENCLATURE TAXINOMIQUE

86. La science générale des classifications est encore à ce point dans les langes, que sa langue commence à peine à se former ; jusqu'ici elle n'a guère fait entendre que des vagissements de nouveau-né. Il est toutefois surprenant que cet empirisme taxinomique ne se soit pas heurté, en ses tâtonnements, à l'impérieux besoin de distinguer l'une de l'autre, par des expressions différentes et opposées, la primauté analytique et la primauté synthétique, la primauté d'ascendance et la primauté de descendance, ainsi que toute la gamme des nombres ordinaux suivant qu'ils procèdent dans un sens ou dans l'autre. On n'en a rien fait, et une telle négligence est l'équivalente de celle qui consisterait à n'avoir qu'un seul et même mot pour exprimer les idées de décuple et de dixième, de centuple et de centième, de décamètre et de décimètre, d'hectomètre et de centimètre, de kilomètre et de millimètre.

En effet, les mots *premier* et *dernier*, qui sont censés exprimer deux relations différentes et diamétralement opposées, se trouvent par le fait employés indifféremment l'un pour l'autre. On peut dire sans exagération que dans l'usage commun ils sont synonymes. Il en est conséquemment de même de leurs dérivés *primaire* et *ultimaire* (qui n'est pas encore au vocabulaire, mais que la logique y appelle). Et c'est aussi le sort des deux séries collatérales d'adjectifs numéraux : *premier, second, troisième, quatrième,* etc. ; et *primaire, secondaire, tertiaire, quaternaire,* etc. On peut les renverser, c'est-à-dire invertir totalement l'application de leurs termes, sans qu'on y trouve à redire ; de telle sorte, par exemple, que, huit objets étant sériés en 1er, 2e, 3e, 4e, 5e, 6e, 7e, 8e, l'usage permettra d'appeler *premier* l'objet qui a été d'abord appelé *huitième* et *dernier*, et d'attribuer le n° 8 et la qualification de *dernier* à celui qui avait reçu en premier lieu le n° 1. Et ainsi de suite pour tous les numéros. A cet égard, le choix dépendra de l'éventualité de monter la gamme ou de la descendre, de faire l'énumération de bas en haut, ou de haut en bas. Mais alors, pour ne pas laisser l'esprit perplexe et l'exposer aux plus fâcheuses méprises, faudrait-il au moins avertir par lequel des deux bouts on commence, et par lequel on finit. Or, cette précaution élémentaire, on la néglige totalement, et les logiciens semblent ne pas se douter combien une pareille équivoque est préjudiciable et absurde.

87. Que faut-il entendre par ce qu'on nomme les divisions Primaires d'un système d'ordre quelconque ? C'est une chose, ou bien c'est son contraire diamétral, *ad libitum.*

Un système étant donné, pour le concevoir, pour le comprendre, l'esprit a le choix entre deux marches opposées. Ou il partira des éléments les plus simples, et les suivra de degré en degré dans leurs associations progressives jusqu'à ce qu'il ait atteint leur unité synthétique, leur unité d'ensemble totale, et alors il aura procédé *synthétiquement*, autrement dit comme s'il construisait en idée le système, pierre à pierre, de la base au sommet. Ou bien, adoptant l'itinéraire inverse, il entreprendra, pour ainsi parler, de *défaire* le système, de le démolir, de le décomposer, en séparant d'abord ses grandes masses, puis en scindant celles-ci par de larges coupures, pour aboutir enfin, après un certain nombre de divisions et de subdivisions successives, à isoler les unités fondamentales et irréductibles du système, c'est-à-dire les parties où s'arrête la désagrégation logiquement possible. C'est là le procédé *analytique*.

Cela posé, n'est-il pas évident que, suivant que la pensée synthétise ou analyse, suivant qu'elle bâtit ou démolit, suivant qu'elle associe ou dissocie, assemble ou disperse, les bouts par lesquels elle commence et finit sa besogne sont intervertis d'un cas à l'autre, et que par conséquent ce qui est premier et ce qui est dernier dans le processus synthétique se trouvent être dernier et premier dans le processus analytique, et réciproquement ? Dès lors, ce qui est division première dans un cas se trouvera être division dernière dans l'autre.

Prenons un exemple familier à chacun de nous, un « système » que l'esprit se représente nettement, un arbre. Eh bien, quelles sont ses divisions dernières ou ultimaires ? Cela dépend : si pour faire le dénombrement de ses parties nous adoptons la marche analytique, ce seront les plus grosses branches qui consti-

tueront alors les divisions primaires de l'arbre ; et
ses divisions secondaires seront les branches issues
immédiatement de ces « mères branches » ; et ainsi
de suite en subdivisant de plus en plus. Et enfin les
divisions ultimes ou ultimaires de ce système végétal,
ce seront les ramuscules terminaux qui en forment le
couronnement.

Et inversement, si nous procédons par synthèse,
c'est-à-dire par groupements progressifs, les premières divisions que nous rencontrerons, les divisions
primaires de l'arbre, ce seront, cette fois, ces mêmes
ramuscules terminaux que nous avions définis comme
divisions ultimaires Et les divisions secondaires, ce
seront maintenant les divisions pénultièmes d'aupara-
vant, c'est-à-dire les tout petits tronculets qui portent
les ramuscules. Et, finalement, les divisions dernières, ultimaires, ce seront, cette fois, ces mêmes mères
branches dont tout à l'heure nous avions fait nos divisions primaires.

Je ne connais pas, dans le langage de la philosophie et des sciences, à tant d'égards si défectueux,
une anomalie plus choquante que cette confusion de
deux rapports qui sont l'opposé formel l'un de l'autre. Nous demandons, comme une mesure urgente,
qu'on y remédie, c'est-à-dire qu'il soit fait que la forme
de tout nombre ordinal indique si ce nombre ordinal
est d'ordre synthétique ou d'ordre analytique.

⁂

88. Ce n'est pas seulement dans le contraste de leur
valeur analytique et de leur valeur synthétique qu'apparaît cette dualité radicalement contradictoire de nos

nombres ordinaux. Qui dit synthèse ou analyse dit un système à *constituer de* ou à *réduire en* ses éléments. Mais nous savons que les éléments s'agrègent d'abord en séries pour constituer le système. De plus nous savons qu'il existe des séries qui se rencontrent à l'état libre, indépendantes de toute systématisation : telles par exemple la gamme des tons et la gamme des couleurs ; telle une progression de nombres déterminée ; telle, au sens physique du mot, une échelle dressée contre un mur.

Elles ont, toutes, deux extrémités, deux termes, deux échelons extrêmes, chacun desquels sera à la fois le premier et le dernier selon que la gradation sera envisagée comme ascendante ou comme descendante. Ici les mêmes nombres ordinaux pourraient-ils se différencier en synthétiques et analytiques comme quand il s'agit d'un système ? On ne voit pas d'abord comment cela pourrait être. Et pourtant si, une telle différenciation peut être étendue à la série simple au moyen d'une assimilation qui, pour être détournée, n'a rien d'illogique.

Pour ce qui est des séries progressives faisant partie d'un système, pas de difficulté : l'extrémité tournée vers le sommet du système, c'est-à-dire ver le terme sériel qui sera rencontré le premier dans le procès analytique, aura la primauté analytique ; le terme formant le pied de la série, qui se trouvera le premier s'offrant à la synthétisation, aura la primauté synthétique. Et, par voie de conséquence, celui qui sera synthétiquement premier, c'est-à-dire le plus bas, sera analytiquement dernier ; et réciproquement, celui qui sera analytiquement premier, c'est-à-dire le plus haut, sera synthétiquement dernier.

Fidèle à notre méthode, ne cessons pas de mettre la théorie en exemples.

Remettons sous nos yeux la synopsis des quatre tableaux des différents Ordres (p. 72).

I. Tableau de Généralité : Dans la série *Provençal, Français, Européen*, le terme *Provençal* sera le premier au point de vue synthétique, et le dernier au point de vue analytique ; et, à l'inverse, le terme *Européen* sera le premier au point de vue analytique, et le dernier au point de vue synthétique. II. Tableau de Collectivité : Dans la série *Provence, France, Europe*, synthétiquement, *Provence* sera le premier terme, *Europe* le dernier ; analytiquement, *Europe* sera le premier terme, *Provence* le dernier. III. Tableau de Hiérarchie : Dans la série *Lesparre, Bordeaux, Paris*, le terme qui sera le premier synthétiquement, sera *Lesparre*, et le dernier sera *Paris* ; analytiquement, *Paris* sera le premier, et *Lesparre* le dernier. IV. Tableau de Généalogie : Dans la série *Elam, Sem, Noé*, le premier terme et le dernier sous le rapport synthétique seront *Elam* et *Noé* ; sous le rapport analytique, le premier sera *Noé*, le dernier sera *Elam*.

Maintenant, pour ce qui est des séries libres, on les considérera comme virtuellement systématisées, et on les traitera en conséquence ; c'est-à-dire qu'on appellera *premier synthétique* et *dernier synthétique* respectivement le premier et le dernier dans le sens ascensionnel ou d'accroissement ; et *premier* et *dernier analytiques*, respectivement le premier et le dernier dans le sens descendant ou décroissant.

89. Mais quand il s'agit de distinguer, dans ce que j'appellerai la langue cursive, ces deux valeurs oppo-sées que comporte tout nombre ordinal, les périphra-ses et les épithètes sont de véritables *impedimenta* qui gênent considérablement la marche du discours, et qui même, en certaines occasions, l'enrayeraient complètement. Remédier à cet inconvénient est à la fois expédient et facile ; pour cela il suffira de pour-voir les noms des nombres ordinaux de deux dési-nences différentielles de rechange : l'une, applicable à la numération ordinale synthétique, l'autre, à la numération ordinale analytique. J'ai soumis, il y a de cela quarante-trois ans, une proposition dans ce sens aux autorités compétentes. Elle a été parfaite-ment dédaignée, comme maintes autres de la même source. L'occasion s'offre de la reproduire ici. La ci-tation suivante est extraite du volume ayant pour ti-tre *Électro-dynamisme vital*, publié à Paris au mois de février de l'année 1855, sous le pseudonyme de *A. J. P. Philips*, J.-B. Baillière, libraire de l'Acadé-mie de médecine, éditeur :

« 88. *Néologisme.* — Le mot PRIMAL, employé dans le présent chapitre, est une addition au dictionnaire à laquelle j'ai dû me résoudre. Je le propose, sauf meilleur choix, pour servir de corrélatif inverse à l'adjectif PRIMAIRE. Ces deux épithètes s'appliquent aux *premiers* termes d'une division progressive, mais « primaire » désignera spécialement les pre-miers termes de division que l'on rencontre en procé-dant par Synthèse, et « primal » sera exclusivement affecté aux premiers qui se présentent en procédant par Analyse. Les trois ou quatre grosses branches qui forment le premier partage du tronc d'un chêne sont les branches *primales* de cet arbre ; ses branches *primaires* sont les innombrables ramuscules extrêmes terminés par les feuilles et les fruits » (*Électro-dynamisme vital*, page 51).

Notons en passant que si les puristes s'allaient offusquer de l'insolite *primal*, on pourrait leur faire observer que ce n'est là qu'un demi-néologisme,le mot se trouvant déjà en substance dans le classique *pri-mauté*, lequel indique un original latin *primalitas*, qui lui-même implique un radical certain *primalis*.

La nomenclature chimique a été incomparablement plus hardie en ses innovations, et n'a pas eu à attendre un demi-siècle pour obtenir droit de cité. Quoi qu'il en soit, je renouvelle ici ma modeste proposition de jadis, et la recommande aux logiciens de la génération nouvelle, qu'elle trouvera, je l'espère, moins hostiles que leurs aînés. Je vais en attendant essayer de montrer par quelques exemples à quel point la réforme que je réclame est rendue nécessaire par certaines incohérences saugrenues de la langue officielle et savante.

*
* *

90. Dans la hiérarchie scolaire, c'est l'enseignement le plus élémentaire, celui du maître d'école de village, qui est dit primaire, tandis que l'enseignement des lycées est qualifié de secondaire, avec l'intention évidente de marquer sa supériorité sur le premier. Dans la généralité des cas pourtant le mot *secondaire* sert au contraire à rendre l'idée d'infériorité, de subordination, et s'oppose à *principal*, comme dans ces lo-

cutions : Un motif secondaire, un emploi secondaire.

Cette nomenclature scolaire, où l'on serait si bien en droit de s'attendre à trouver une correction typique, présente d'autres contradictions encore. D'un côté, elle assigne le premier rang à l'instruction du plus bas degré (« instruction primaire », « instituteur primaire »), de l'autre, elle range les classes d'humanité dans un ordre contraire. La classe appelée *Seconde* venant à la suite de la classe de *Rhétorique*, c'est bien celle-ci, c'est-à-dire la plus élevée en grade, qui compte pour *première* ; et d'ailleurs les numéros d'ordre des autres classes successives croissent bien en raison de l'infériorité relative de celles-ci, la *Huitième* étant à la fois la plus basse et la *dernière*.

La « première magistrature » de l'Etat, en France, c'est la plus *haute*, c'est-à-dire la présidence de la république. D'autre part, c'est le corps politique le plus *bas*, le collège électoral de la commune, qui a porté le titre « d'assemblée primaire ».

Les astronomes identifient positivement *primaire* et *principal*. Les planètes principales, celles dont la révolution se fait directement autour du soleil, sont appelées par eux *primaires* par opposition aux simples satellites, dits planètes *secondaires*.

Les naturalistes classificateurs se contredisent radicalement dans l'application du qualificatif *premier* ou *primaire*. Pour Linné, Cuvier, Blainville, Owen, Milne Edwards, les divisions *primaires* du règne animal sont celles qui comprennent les animaux supérieurs ; pour Lamarck, Oken, Baer, Siebold, Hæckel, ce sont celles qui sont formées par les animaux inférieurs. Et cette cacophonie résulte de ce qu'il con-

vient aux uns de procéder à leur classification en prenant « l'échelle des êtres » par le haut, et aux autres
de faire la leur en commençant par le bas.

Je pourrais ajouter indéfiniment à ces exemples,
mais ils me paraissent suffire pour motiver ma mo-
tion de réforme nomenclaturale.

LA PARENTÉ COLLATÉRALE EN DIAGRAMME

91. Le diagramme ci-après me paraît une bonne représentation graphique des différents rapports de Parenté Collatérale.

Rappelons tout d'abord que la Parenté, de même que la Ressemblance (voir 67), n'est pas une grandeur absolue, mais une pure relation, qui tire toute son essence de la comparaison de deux termes. Il suit de là que, pour sérier une certaine somme de parents, il faut nécessairement prendre l'un d'eux pour commun terme de comparaison et pour point zéro de la gradation des rapports de parenté.

Cela dit, supposons une filiation, c'est-à-dire une suite unilinéaire d'individus dont chacun est père de celui qui le suit immédiatement, et fils de celui qui le précède immédiatement. — Et par *précéder* et *suivre* nous entendons ici respectivement, non pas marcher devant quelqu'un ou marcher derrière, mais lui être généalogiquement antérieur ou postérieur.

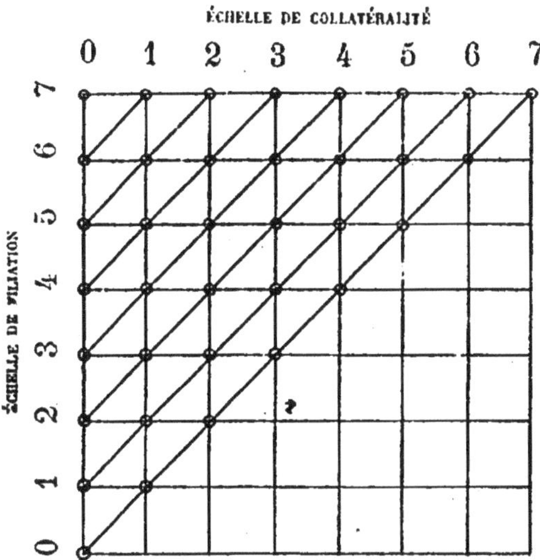

Maintenant imaginons une série de cette sorte échelonnée sur la première verticale (ordonnée) à gauche du tableau quadrillé (système de coordonnées rectilignes) ci-dessus, de façon à ce que ses échelons portent sur les horizontales (abscisses) successives, et coïncident avec les points de rencontre de ces lignes avec la première. Ces points, indiqués au tableau par un petit rond, figurent en même temps les termes ou degrés correspondants de notre série de filiation généalogique.

Le terme le plus bas représentera la base de la filiation, le premier ancêtre considéré. Source et point de départ de la filiation, il n'en fait point partie ; étant premier générateur, il ne peut compter pour une génération. Il correspondra donc au n° 0 des degrés de descendance.

Le terme venant immédiatement au-dessus, et représentant le fils, correspondra au n° 1 ; le terme d'après, représentant le petit-fils, au n° 2 ; et ainsi de suite jusqu'au plus haut terme, qui correspondra au 7ᵉ degré de filiation.

Qu'il soit maintenant convenu qu'en outre du fils qui constitue le premier terme de notre descendance unilinéaire et verticale, l'ancêtre commun a un deuxième fils, lequel devient à son tour le premier terme d'une autre filiation, également unilinéaire, mais suivant une ligne divergente et oblique, qui, partant de l'extrémité inférieure de notre première verticale, c'est-à-dire de l'angle inférieur de gauche du tableau, va aboutir à son angle supérieur de droite. Cette lignée oblique sera, pour ainsi dire, la branche cadette des descendants de l'ancêtre primitif.

L'oblique ainsi menée coupe le tableau en diagonale, et coupe en même temps, également en diagonale, toute la suite de petits carrés formés par l'intersection des ordonnées et des abscisses, qui se rencontrent sur sa direction d'un bout à l'autre. Ces points d'intersection par lesquels passe la ligne oblique, marqués par des petits ronds, représentent les générations successives de cette lignée cadette, directement issue du premier ancêtre ou fondateur de la race.

Et, cela dit, il sera posé que chacun des descendants formant les échelons consécutifs de l'échelle verticale de filiation engendrera à son tour, à l'instar du commun ancêtre, une deuxième lignée, qui sera sa lignée cadette propre, et qui sera figurée sur le tableau par une ligne oblique parallèle à la première.

Nous aurons ainsi autant de lignées secondaires et de lignes parallèles obliques que la série verticale compte de termes *générateurs* (c'est-à-dire tous les termes moins le dernier), et toutes ces lignes obliques viendront se terminer à l'horizontale supérieure du tableau aux points d'aboutissement respectifs de ses différentes verticales.

Ces points de terminaison supérieure des obliques étant marqués d'un numéro d'ordre à compter du premier à gauche, cette série de numéros se trouvera être précisément celle des degrés de parenté collatérale uniplane par rapport au terme de comparaison, lequel, d'après notre choix, sera le sommet de la lignée verticale unique, c'est-à-dire le dernier engendré de cette lignée directe. Sa place sera par conséquent sous le n° 0 des degrés de Collatéralité Uniplane.

Ainsi le n° 1 indiquera le 1er degré de Collatéralité Uniplane, c'est-à-dire la qualité de Frère ; le n° 2, le 2e degré, c'est-à-dire la qualité de Cousin Germain ; le n° 3, le 3e degré, ou qualité de Cousin issu de Germain ; etc.

92. Un examen superficiel de ce diagramme est ce me semble suffisant pour convaincre que les rapports de Parenté sont susceptibles d'être ramenés à des rapports géométriques, et que le problème de la détermination de l'un quelconque de ces rapports peut être réduit en équation. Laissant à de plus habiles le soin de faire cette preuve en bonne forme, suivant les règles rigoureuses de la science, je vais me borner à quelques simples constatations qui, si je ne me trompe, intéresseront les spécialistes, et les inciteront à entrer dans une voie de recherches aussi féconde peut-être qu'elle est vierge.

a) Au premier coup d'œil un fait nous frappe, c'est que la suite des chiffres portés en ordonnée et la suite des chiffres portés en abscisse, se correspondent inversement, à rebours l'une de l'autre. L'extrémité supérieure de chaque ligne oblique marquant un degré de Collatéralité Uniplane, et son extrémité inférieure marquant un degré de Filiation, le premier de ces deux sortes de degrés est d'autant plus haut que le second est plus bas, et réciproquement. C'est ainsi que le n° 7 de la série horizontale, qui en est le plus fort, correspond au n° 0 de la série verticale ; et que le n° 7 de la série verticale, également le plus fort, a pour pendant le n° 0 de la série horizontale.

b) Il faut noter que chacun des descendants ou engendrés de la filiation verticale, depuis le n° 1 jusqu'au n° 7 inclusivement, est point de comparaison pour les termes suivants de la série horizontale correspondante, qui est toujours une série de Collatéralité Uniplane d'un certain étage généalogique.

c) Le nombre de degrés de collatéralité afférents à chaque série horizontale est donné par le numéro du degré correspondant de la série verticale. Ainsi l'engendré n° 7 de la filiation verticale possède 7 degrés différents de collatéraux uniplanes, soit le degré de Frère, le degré de Cousin Germain, le degré de Cousin issu de Germain, etc., jusqu'au collatéral au septième degré. Et l'engendré n° 1, suivant la même loi, ne possède qu'un collatéral uniplane, celui de 1ᵉʳ degré, le Frère.

d) J'ai dit que le rapport des termes successifs de la première verticale à gauche, sous 0, — c'est-à-dire celle qui porte la lignée principale, prise pour base de comparaison — est celui de Père à Fils, en allant de bas en haut, et par conséquent de Fils à Père en allant de haut en bas. N'est-il pas intéressant de savoir quel sera le rapport des termes de la série verticale suivante, celle qui aboutit au n° 1 des degrés de Collatéralité ? Ce rapport est celui d'Oncle à Neveu, ou de Neveu à Oncle, suivant qu'on descend ou qu'on monte. Et quel est le rapport des termes de la verticale 2 ? Je réponds : Chaque terme est le Cousin Germain du Père du terme venant immédiatement au-dessus, c'est-à-dire le Sous-Oncle de ce dernier ; et par suite chaque terme est le Fils du Cousin Germain du terme placé immédiatement au-dessous, c'est-à-dire le Sous-Neveu de ce dernier. Passons à la verticale 3. Chaque terme, ici, sera simultanément le Cousin issu de Germain du Père du terme immédiatement supérieur, c'est-à-dire le Sous-Oncle au 2e degré de celui-ci, et le Fils du Cousin issu de Germain du terme immédiatement inférieur, c'est-à-dire le Sous-Neveu au 2e degré de ce dernier. Et il en sera semblablement des autres lignes, avec cette différence que le cousinage, et consécutivement l'avonculat et le népotat, s'éloigneront d'un degré à chaque ligne subséquente.

e) Les obliques du tableau, en traversant les carrés intérieurs en diagonale, donnent naissance à deux sortes de parallélogrammes : les uns, partagés par une horizontale; les autres, partagés par une verticale.

Dans les premiers, le terme placé au sommet de l'angle supérieur est, dans l'intervalle des lignes 0 et 1, le Petit-Fils du terme qui se trouve à l'angle opposé, et celui-ci est conséquemment le Grand-Père du terme qui est à l'autre extrémité de la grande diagonale du parallélogramme. Dans la colonne suivante, entre les verticales 1 et 2, le terme de l'angle supérieur est le Petit-Neveu du terme de l'angle inférieur, et réciproquement le terme de l'angle inférieur est le Grand-Oncle du terme de l'angle opposé. Dans la 3ᵉ colonne, l'angle supérieur est le Petit-fils du Cousin Germain de l'angle inférieur, c'est-à-dire le Petit-Sous-Neveu de ce dernier, lequel réciproquement, sera le Cousin Germain du Grand-Père de son opposé, c'est-à-dire le Grand-Sous-Oncle de celui-ci.

Laissant à d'autres le soin de poursuivre seuls cette énumération spéciale, je passe à la considération des parallélogrammes de la deuxième catégorie.

Et d'abord les parallélogrammes partagés par la verticale 1. L'angle aigu supérieur est le Neveu de l'angle aigu inférieur ; et ce dernier, naturellement, est l'Oncle de l'angle opposé. Dans le double intervalle vertical qui vient après, soit entre les lignes 2 et 4, l'angle aigu supérieur est le Fils du Cousin au 2ᵉ degré de l'angle aigu inférieur, c'est-à-dire le Sous-Neveu au 2ᵉ degré de ce dernier, lequel inversement est son Sous-Oncle au 2ᵉ degré. Au lecteur de trouver la suite, ce qui ne sera pas bien difficile, la clef du problème étant donnée.

On voit d'après cet exposé que les trois grandes catégories de rapports de Parenté sont distinctement et systématiquement exprimés par notre diagramme. Nous rappellerons que les trois catégories généalogiques en question sont les suivantes : la Filiation, la Collatéralité Uniplane et la Collatéralité Diversiplane.

Faute de temps et d'espace, je m'interdis de pousser plus avant cette étude du Diagramme de la parenté collatérale, et d'en faire ressortir toutes les propriétés intéressantes. A la sagacité de nos maîtres j'abandonne la tâche de combler mes omissions, et au besoin de corriger mes erreurs.

XI

DE LA CLASSIFICATION NATURELLE

93. Ce sont les naturalistes surtout, qui se sont trouvés aux prises avec les nécessités et les difficultés taxinomiques. Botanistes et Zoologistes ont rivalisé d'ardeur et d'ingéniosité pour résoudre une question dont les plus éminents parmi eux avaient proclamé la suprême importance, celle de la « classification naturelle ». Si leurs efforts n'ont pas été sans profit pour la connaissance des plantes et des animaux, pourtant il n'est que trop vrai de dire que la grande solution qui en était le but n'a pas été trouvée. Ce qui le fait bien voir, c'est la multitude des « systèmes » entre lesquels les maîtres de l'Histoire naturelle se sont partagés jusqu'à ce jour. Ces tentatives, sans doute, bien qu'ayant échoué, ont, répétons-le, été à plusieurs égards fructueuses ; mais c'est surtout, à mon avis, d'abord parce qu'elles ont démontré l'insuffisance de l'empirisme en la matière, et puis parce que, soulevant les problèmes fondamentaux de la science générale des classifications, elles ont tout à la fois fait sentir le besoin de cette science et en ont indiqué les bases.

*
* *

94. La méthode de classement suivant l'ordre de Généralité s'offre à l'esprit la première quand il s'agit de

débrouiller le chaos d'une foule d'objets confondus. Car ce qui frappe tout d'abord dans cette confusion de choses, ce sont les ressemblances et les dissemblances de différents degrés qui apparaissent entre elles, et qui nous font concevoir un arrangement logique où la place relative de chacune, son rapprochement ou son éloignement par rapport à chacune des autres, serait comme l'expression graphique exacte de ces ressemblances et de ces dissemblances.

Ici se pose une grave question : Où est la vraie mesure de la ressemblance et de la dissemblance ? Il a été dit plus haut (4) que la ressemblance entre plusieurs objets est la communauté de caractères existant entre eux. Il semble donc que la Ressemblance des objets est en raison directe de la proportion des caractères communs qui entrent dans leur nature (et par suite la Différence serait en raison inverse de cette proportion). Ne résulte-t-il point de là qu'une telle proportion ne peut s'établir que sur un état complet des caractères constituant les différents objets à comparer et à classer ?

Sans nous arrêter aux difficultés de réalisation d'une condition pareille, bornons-nous à dire que, réalisée fût-elle, le but proposé, qui est d'embrasser l'ensemble des objets dans un système de classification intégral, ne serait pas atteint, et qu'un tel dessein est illusoire.

Des modes homogènes, c'est-à-dire qui sont compris dans une même catégorie générale, se prêtent intégralement à une classification unique moyennant qu'ils soient considérés purement en eux-mêmes, autrement dit comme de simples qualités, abstraction faite de tout sujet. Mais les sujets — pour employer le langage précis de l'Ecole — ou autrement dit les objets, sont susceptibles de revêtir individuellement plusieurs catégories hétérogènes de qualités. Et d'autre part il peut arriver, et dans le fait il arrive le plus souvent, que la distribution des mêmes objets diffère plus ou moins, et quelquefois totalement, suivant qu'ils sont classés d'après telle catégorie ou d'après telle autre. En d'autres termes, les systèmes de classification des mêmes objets formés sur des catégories différentes ne coïncident pas nécessairement entre eux.

Revenons à notre grand Tableau ethnique (p. 94). Les seize individus qui sont les objets de cette classification spéciale sont très régulièrement, très logiquement, très *naturellement* classés suivant l'ordre de Généralité, mais en tant qu'il s'agit, et qu'il s'agit uniquement, d'une seule sorte de rapport, le rapport de nationalité. Que si maintenant on entreprenait de classer ces mêmes personnes, soit d'après la catégorie de taille, soit d'après la catégorie *chromatique* (couleur des yeux, des cheveux, de la peau), soit d'après l'*indice céphalique,* soit d'après la force, soit d'après l'âge, etc., on obtiendrait autant de classifications distinctes où ces sujets seraient tout aussi régulièrement, tout aussi logiquement et tout aussi naturellement répartis. Mais ce serait un vrai miracle du hasard si ces classifications diverses concordaient toutes entre elles, c'est-à-dire si les objets occupaient, dans toutes, les mêmes places relatives, ou plus simplement s'ils s'y trouvaient de part et d'autre dans les mêmes relations de ressemblance et de dissemblance.

Un exemple (voir le Tableau) : Hubert et Ménard, de Reims, présentent le plus haut degré d'affinité mutuelle sous le rapport ethnique, étant tous deux enfants de la même cité. Et il en est de même pour Vogel et Schœbel réciproquement, puisqu'ils sont l'un et l'autre Fribourgeois. En même temps entre les Français Hubert et Ménard, d'une part, et les Allemands Vogel et Schœbel d'autre part, le lien ethnique est relativement très faible, et se réduit à ce qu'ils sont les uns et les autres Européens. Eh bien, remettons pour ainsi dire en tas et pêle-mêle les huit Français et les huit Allemands, brouillons tout cela ensemble, après quoi donnons-nous pour tâche de classer cette foule d'après une nouvelle catégorie, celle de la taille, je suppose.

Dans la nouvelle combinaison il pourra arriver que le Rémois Hubert, de petite stature, se rencontre cette fois côte à côte, dans le même groupe primaire, avec le Fribourgeois Schœbel, comme lui tout petit, tandis que, par une de ces fantaisies du hasard dont il est coutumier, le second Fribourgeois, Vogel, et le second Rémois, Ménard, tous deux hauts de six pieds, se trouveront pour ainsi dire camarades de lit dans la classification des tailles.

Je me permets ce langage familier pour rendre bien clairs, et pour ainsi dire sensibles au toucher, des principes qui sont restés jusqu'à ce jour obscurs pour de très savants yeux, et dont l'Histoire naturelle a besoin d'acquérir une notion limpide pour se tirer de l'ornière taxinomique où son char reste embourbé.

*
* *

95. Dans leurs essais de classification, les naturalis
tes ont procédé par tâtonnements. D'abord ils ont envisagé les êtres sous les points de vue spéciaux particulièrement accusés au regard superficiel, c'est-à-dire
à des points de vue purement morphologiques. C'est
ainsi que le règne végétal s'est partagé à leurs yeux
tout bonnement en ces deux classes : Les Herbes et
les Arbres ; c'est ainsi que, dans le règne animal, on
a divisé les vertébrés en animaux qui nagent, animaux qui volent, et animaux qui marchent ou ram-
pent sur terre, et que ces derniers ont été partagés en
quadrupèdes, bipèdes, et apodes. C'est par suite de
cette vue que la Baleine a été comprise parmi les
Poissons, la Chauve-Souris parmi les Oiseaux, que
les Reptiles sans pattes ont été séparés par un fossé
profond des Reptiles à quatre pattes, et que ces derniers ont été réunis aux Mammifères.

Après avoir ébauché plusieurs classifications de ce
genre et avoir constaté leur irréductible discordance,
l'idée vint aux naturalistes que de telles classifications étaient *artificielles*, et que la classification *naturelle*[1], c'est-à-dire la vraie, l'unique, restait à décou-

1. Il est intéressant de connaître la conception que le puissant esprit
de Cuvier s'était formée de la classification naturelle. Le passage suivant
est extrait de l'Introduction à son ouvrage *Le règne animal distribué
d'après son organisation* :

« Il ne peut y avoir, dit-il, qu'une méthode parfaite, qui est la méthode
naturelle : on nomme ainsi un arrangement dans lequel les êtres du
même genre seraient plus voisins entre eux que ceux de tous les autres
genres ; les genres du même ordre plus que de ceux de tous les autres
ordres, et ainsi de suite. Cette méthode est l'idéal auquel l'histoire naturelle doit tendre ; car il est évident que si l'on y parvenait l'on aurait
l'expression exacte et complète de la nature entière. En effet chaque
être est déterminé par ses ressemblances et ses différences avec d'autres,
et tous ces rapports seraient parfaitement rendus par l'arrangement
que nous venons d'indiquer. »

vrir. Et l'on se crut enfin sur la bonne voie pour parvenir au grand desideratum quand les recherches de l'anatomie et de la physiologie eurent mis à nu tout un ensemble de caractères d'organisation intime ignorés jusqu'alors.

Mais d'autres déceptions attendaient les chercheurs de la pierre philosophale biotaxique. Les caractères soi-disant naturels, pas plus que les caractères condamnés comme artificiels, ne purent entrer tous à la fois dans les cadres d'une même classification, de la classification rêvée. Alors les classificateurs s'ingénièrent de plus belle pour sortir de ce nouvel embarras, et dans ce but ils imaginèrent qu'il fallait *peser* et non *compter* les caractères ; ils imaginèrent une *subordination des caractères* qui permettrait d'écarter comme négligeables les caractères dissidents, c'est-à-dire réfractaires au système de classification adopté.

Dès lors le but fut-il atteint ? Eh ! nullement ; les caractères qu'on avait sacrés « dominateurs » (Cuvier) se voyaient déchus tout à coup de leur suprématie par des faits inédits que venaient de mettre au jour des recherches ultérieures, et cela tout à la fois en zoologie et en botanique. L'aveu de cet échec a échappé à un auteur éminemment orthodoxe, classique et autorisé ; voici par quelles conclusions Milne Edwards termine une longue discussion où il vient de démontrer par une profusion d'exemples l'état ruineux de la grande doctrine de son école :

« Ainsi, dit-il, *inégalité de valeur d'un même caractère considéré dans la série des animaux et des végétaux,* tel est le principe nouveau qui vient compliquer la question de la classification naturelle, en rectifiant l'idée qu'on s'est longtemps faite de la subordination des caractères, et qui, ne permettant plus d'attacher un sens absolu et général à la supériorité, à la prééminence des caractères, écarte à plus forte raison l'hypothèse des *caractères dominateurs* » (MILNE EDWARDS, cité dans le *Grand Dictionnaire* de Larousse, article CARACTÈRE).

Je ne prétends pas pour autant que le principe de la subordination des caractères ne repose sur rien de sérieux (bien que le Larousse, article CARACTÈRE, me reproche de l'avoir méconnu, en me citant longuement), et je me réserve de dire ailleurs toute ma pensée à ce sujet ; mais en attendant je constate que cette conception de Laurent de Jussieu, qui, aux yeux de Cuvier, était le pendant dans l'Histoire naturelle de la révolution nomenclaturale de Lavoisier dans la Chimie, n'avait pas du tout résolu le problème de la classification naturelle, et que ce problème restait intact.

En poursuivant, de génération en génération, avec une persévérance infatigable, la découverte de ce « système naturel des êtres » dont la pensée hantait sans cesse leurs cerveaux, les naturalistes philosophes obéissaient à une sorte de suggestion instinctive dont l'objet excitait passionnément leurs désirs, mais tout en restant voilé, en refusant obstinément de se découvrir à leurs yeux. Ils en eurent pourtant une intuition vague, indistincte, mais au fond véridique, que la méditation eût fini par rendre entièrement lumineuse s'ils n'avaient été détournés de la direction à suivre par certains préjugés dont la science jusqu'à présent n'est qu'à moitié revenue. Cette vision vaporeuse de la vérité arrachait au naturaliste des paroles révélatrices auxquelles malheureusement il n'osait attacher qu'un sens métaphorique. Les groupes naturels, s'écriait-il, ont un je ne sais quoi, *un air de famille*, qui vous force à les reconnaître pour tels, sans qu'on puisse en donner la raison. « Il y a même dans nombre de plantes, écrivait Magnol au XVIIe siècle, une certaine similitude, une affinité qui ne consiste pas dans les parties considérées séparément, mais en total, affinité sensible, mais qui ne peut s'exprimer. » Et Cuvier, après avoir fait d'inutiles efforts pour donner une nette définition de ce qu'il entend par l'Affinité Naturelle, en est réduit à dire, pour se rendre intelligible, que c'est « comme une sorte de *parenté* ».

Non ce n'est pas en réalité sur les rapports de *ressemblance* que la « classification naturelle » se fonde, car, après avoir éliminé une partie des ressemblances comme sans importance et négligeables, ou comme décevantes, le classificateur en arrive à supprimer toute considération de ressemblance actuelle, c'est-à-dire de toute ressemblance directement appréciable entre les êtres comparés. Le passage suivant de Milne Edwards (*Cours élémentaire de Zoologie.* Paris, 1863, 9e édition, § 366) contient à cet égard des aveux hautement instructifs.

« Pour reconnaître, dit-il, les *affinités naturelles* ou l'espèce de parenté [*l'espèce de parenté* !] qui existe entre des animaux différents, il suffit quelquefois d'observer les formes extérieures de ces êtres, car ces formes sont souvent une sorte de traduction du mode d'organisation intérieure ; ainsi, pour se convaincre de l'affinité qui existe entre le chat et le tigre, il n'est pas nécessaire d'étudier l'anatomie de ces animaux. Mais, dans un grand nombre de cas, on ne peut se prononcer sur des questions pareilles qu'après avoir constaté directement les caractères de la structure intérieure, et quelquefois même on serait exposé à méconnaître les liens de cette espèce de parenté [encore l'idée de la Parenté !] si l'on se contentait de l'examen des animaux arrivés au terme de leur croissance ; car, dans certains cas, les ressemblances s'effacent [*les ressemblances s'effacent* !] par les progrès de l'âge. Ainsi, pendant longtemps, on avait ignoré les rapports qui existent entre les Lernées, animaux parasites, à formes bizarres (*fig.* 141), qui vivent sur les poissons, et les petits crustacés d'eau douce connus des Zoologistes sous le nom de *Cyclopes* (*fig.* 143), parce qu'à l'état adulte ces deux animaux ne se ressemblent pas [ils se ressemblent beaucoup moins qu'un ver de terre ne ressemble à une écrevisse] ; mais depuis qu'on a étudié leur développement, on s'est assuré de leur parenté [la *parenté*, toujours la *parenté*, qui revient forcément], car dans le jeune âge ils diffèrent si peu entre eux qu'il serait souvent difficile de les distinguer (*fig.* 142 et 144). »

Ainsi, de l'aveu même des organes les plus autorisés de la vieille biotaxie classique, la considération déterminante pour une classification « naturelle » n'est pas la ressemblance en elle-même, la ressemblance effective, directement appréciable, reliant les êtres à grouper par un lien perceptible ; la raison décisive et suffisante en pareille matière, c'est la preuve, ou présomption grave, d'un lien généalogique, autrement dit d'une *parenté* véritable existant entre les espèces.

En réalité, voilà ce qui se trouve au fond de l'idée de classification naturelle, bien que l'Histoire naturelle classique ne s'en soit pas rendu compte ou ait refusé d'en convenir, dominée qu'elle a été par la croyance traditionnelle touchant l'origine des êtres vivants. Notre conclusion est confirmée d'ailleurs par ce fait que, désespérant de constituer leur système naturel de classification des animaux d'après leurs ressemblances et leurs dissemblances sensibles, les zoologistes demandent maintenant à l'Embryologie et à la Paléontologie la clef de ce mystère, l'impuissance de l'Anatomie et de la Physiologie comparatives se trouvant dûment constatée.

⁂

96. Que l'hypothèse de Lamarck et de Darwin soit une grande vérité ou ne soit qu'un rêve ; que chaque espèce ait eu pour souche des individus d'une espèce antérieure chez lesquels le type de celle-ci aurait subi des altérations qui se seraient transmises à leurs descendants et perpétuées ; que tel ait été réellement le procédé formateur des espèces, ou qu'il ait été autre, il est un fait à peu près incontesté, c'est que, au point de vue *statique*, sinon au point de vue *dynamique*, le règne animal, en y comprenant les espèces éteintes, présente toutes les connexions d'une véritable généalogie de types zoologiques. En d'autres termes, étant réservée entière la question de savoir comment les espèces animales se sont *faites*, on est en droit de dire qu'elles *sont* exactement comme elles

seraient si leur origine était celle que la doctrine évolutionniste leur assigne. De là cette impression unanime des naturalistes penseurs devant le spectacle de la nature vivante, qui s'est traduite par l'affirmation d'un lien d'*affinité*, expliquée comme *une sorte de parenté*, unissant entre eux tous les êtres. Mais en voyant au sommet de l'animalité l'Homme, et, au bas, des animaux rudimentaires d'une organisation tout à fait infime, les naturalistes se hâtèrent d'en conclure que toutes les espèces inférieures étaient comme un acheminement et comme autant d'étapes vers la perfection humaine, et se suivaient ainsi en une longue file indienne sur le sentier du progrès organique.

C'est jusqu'à Cuvier, et encore après lui, que les zoologistes classificateurs se sont évertués à coucher le règne animal sur ce lit de Procuste de leur imagination, qu'ils ont nommé « la chaîne des êtres ». Cette erreur est comparable à celle d'un généalogiste qui se mettrait en tête de ranger sur une seule ligne tous les membres d'une race nombreuse. Il méconnaîtrait le fait de la collatéralité pour ne voir que celui de la filiation. Cuvier s'insurgea le premier contre ce faux principe ; mais ce fut pour tomber lui-même dans un autre travers. Il n'est pas vrai, s'écria-t-il, que les quatre grands types généraux entre lesquels se partage l'ensemble des formes animales — celui des Vertébrés, celui des Articulés, celui des Mollusques, et celui des Rayonnés — s'échelonnent comme les quatre termes successifs d'une progression. Ces quatre types supposent « quatre plans de création différents, et ont été coulés pour ainsi dire dans quatre moules ».

Ainsi, pour Cuvier, aucune *affinité naturelle* entre les espèces de ces quatre différents groupes primordiaux ; le Créateur a formé ces quatre grands types fondamentaux sur quatre modèles distincts, qui n'ont entre eux rien de commun, qui ne se relient à aucune base commune.

Le rapport de collatéralité animale avait été méconnu par les devanciers et les contemporains de Cuvier ; leur erreur manifeste le fit choir dans une autre ; éloigné comme il l'était de la conception évolutionniste, il fut privé d'une lumière qui lui aurait permis de voir comment se concilient le rapport de collatéralité et le rapport de descendance, et il nia toute communauté d'archétype entre les quatre « Embranchements » du règne animal. Et ce fut avec un courroux terrible, dit-on, qu'il repoussa le célèbre mémoire de Dugès, où le modeste professeur de Montpellier avait osé mettre en doute les lois naturelles décrétées par le grand homme, en insinuant, bien que timidement, que les Vertébrés pouvaient être difficilement regardés comme les contemporains d'origine des Articulés, et qu'il était plus vraisemblable qu'ils en constituaient un prolongement sériel.

Certes, les quatre Embranchements de Cuvier correspondent à quatre types d'organisation fortement accusés, mais rien pour autant ne s'oppose, même dans la donnée créationniste, à ce qu'ils se rattachent à un commun rudiment primordial, c'est-à-dire à une forme animale d'une organisation plus simple, plus imparfaite, de même que Mammifères, Oiseaux et Reptiles se rattachent, d'après Cuvier lui-même, à une forme vertébrée inférieure, celle des Poissons.

Et d'ailleurs l'expression même de Cuvier, ce mot d'*embranchement*, n'implique-t-il pas manifestement l'idée plus ou moins obscure d'une *souche* commune ?

Donc, sans épouser la doctrine évolutionniste de la parenté *réelle*, et en s'en tenant à « cette sorte de parenté » appelée l'*affinité*, et à la *série*, les orthodoxes de la zoologie pouvaient combiner la filiation et la collatéralité, et arriver à la conception d'une classification du règne animal sous forme d'arbre généalogique. Et, par conséquent, si cette belle solution leur a échappé, ce n'est pas seulement à cause de l'asservissement des esprits au dogme mozaïque de la création, c'est aussi, et pour la majeure part, à leur ignorance des lois de la Taxinomie générale. .

* *

97. Une chose qui surprend, et qui diminue l'illustre novateur en tant que philosophe, c'est que Darwin semble ne pas s'être douté que la réforme évolutionniste était appelée à révolutionner la Biotaxie de fond en comble. Son esprit, plutôt analyste que synthétiste, n'avait pas été frappé de l'importance capitale de la *méthode* en histoire naturelle. Son disciple Hæckel n'a pas voulu pécher par la même omission ; il s'est empressé, et même un peu trop pressé, peut-être, de se mettre à dresser l'arbre généalogique des animaux et des végétaux. A parler sincèrement, je ne crois pas que sa tentative ait réussi du premier coup ; mais, s'il n'a pas la gloire d'avoir atteint le but, il peut revendiquer justement celle de l'avoir signalé.

L'éminent naturaliste d'Iéna nous paraît s'être sé-

rieusement mépris sur un point : du principe de l'É-
volution il découle sans doute que le système des êtres
vivants est une généalogie d'espèces, mais ni ce principe lamarckien, ni le principe complémentaire de la
sélection introduit par Darwin, n'ont apporté le moindre critérium nouveau pour déterminer les rapports
généalogiques particuliers de telle espèce avec telle
autre espèce. Or tant que ces rapports ne peuvent être
révélés et démontrés par une méthode d'une application générale, et vraiment scientifique, les classifications évolutionnistes en restent, quant à la pratique,
quant aux résultats, au même point que les classifications créationnistes ; les unes comme les autres restent condamnées à se mouvoir dans l'empirisme et à
chercher leur voie en tâtonnant. Elles restent également aveugles. Or tout porte à croire que Hæckel, pour
s'être mis *ex abrupto*, sans hésitation, à nous construire en un tour de main une série complète de *Stamm-
bœume*, tant du règne végétal que du règne animal, a
dû compter sur une vertu secrète d'illumination qui
serait attachée à la qualité même de naturaliste évolutionniste. Cependant si nous nous permettons de
porter un regard critique sur son œuvre, de l'examiner
avec quelque attention, nous éprouvons le douloureux
regret de constater que l'illustre généalogiste des
êtres vivants s'est généralement borné à emprunter
telles quelles les diagnoses taxinomiques de la vieille
botanique et de la vieille zoologie, et que, lorsqu'il a
cru bon d'innover sur ses prédécesseurs, il l'a fait sans
pouvoir motiver ses amendements aux anciennes dé-
terminations par aucune raison puisée dans la nouvelle doctrine. Aussi sommes-nous dans la nécessité

d'acquiescer purement et simplement au jugement très topique porté par Louis Agassiz dans les lignes suivantes de son livre *De l'espèce et des classifications en Zoologie* :

« ... Loin d'apporter pour preuves certaines données d'où sa doctrine découle directement, le darwinisme travestit à son profit les faits acquis en suivant la vraie méthode. Qu'on ne dise pas que j'exagère ; quand Hæckel a cherché à fonder un système entier de classification sur l'idée de transformation des êtres par changements successifs, de génération en génération, il ne s'est pas attaché à prouver que tel de ces êtres descend de tel autre ; il n'a pas ajouté aux connaissances que nous possédions avant lui sur les affinités des animaux ; il s'est simplement emparé de ces affinités telles qu'on les a constatées ; il en a fait autant d'indices d'une liaison générique entre les êtres qui les possèdent, et, suivant que ces affinités étaient plus ou moins nettes, il a dressé des arbres généalogiques qui ne sont, en définitive, que la formule nouvelle de notions positives antérieurement acquises [1]. »

Oui, jusqu'ici le darwinisme s'est borné à professer, par la voix de Hæckel, que la classification naturelle des êtres est un arbre généalogique, mais il est resté muet sur les moyens de mettre à nu, de préciser et de prouver les liens généalogiques des espèces ; et, comme Agassiz le dit si à propos, quand il a voulu nous offrir le règne animal et le règne végétal distribués d'après son principe, il n'a guère fait que

---

1. *De l'espèce et de la classification en zoologie, par* L. AGASSIZ, *traduction de l'anglais, par* FÉLIX VOGELI, Paris, 1869, p. 381.

copier docilement les filiations ou séries d'affinité tracées par les maîtres de l'ancienne école. Sans doute il a compris le parti qu'il y avait à tirer des données de l'embryologie et de la paléontologie pour éclairer les relations de parenté des espèces, mais, en ceci comme pour le reste, il s'est contenté de marcher dans une voie déjà frayée et parcourue par la science classique. Il restait pourtant beaucoup à faire, et pour mettre en pratique le principe de la classification généalogique, et surtout pour lever les difficultés d'ordre abstrait que la nouvelle doctrine rencontre dans certaines antinomies taxinomiques qu'il faut avant tout résoudre. Ces difficultés, l'école darwinienne ne semble même pas les avoir soupçonnées ; je vais en indiquer brièvement quelques-unes.

⁕

98. Je prie le lecteur de se rappeler ce qui a été dit précédemment à propos de l'Ordre de Généalogie (49 ; 91), et particulièrement sur les distinctions fondamentales de la Parenté en Successive et Collatérale, et sur la subdivision de cette dernière en Uniplane ou horizontale, et Diversiplane ou oblique.

Etant admise l'hypothèse évolutionniste, nous devons regarder comme liées entre elles par le rapport de collatéralité uniplane toutes les espèces contemporaines, c'est-à-dire toutes les espèces d'une même période géologique. En effet, toutes ces espèces sont censées dériver d'un auteur commun (ou d'individus semblables), et être séparées de lui par un nombre égal de générations phylogéniques, la série de ces

modifications successives des espèces devant corres-
pondre, suivant la théorie, à la série des modifications ou révolutions terrestres qu'on peut admettre
les avoir produites. Soit l'Homme l'espèce arbitrairement choisie comme terme de comparaison pour
sérier les animaux de la faune vivante d'après leur
degré relatif de collatéralité uniplane. L'espèce ou
les espèces qui seraient issues collatéralement à
l'Homme de la souche d'Anthropomorphes ignorée
qu'on lui assigne pour ascendant immédiat, seraient les Sœurs de la nôtre ; celles venant immédiatement après seraient nos Cousines germaines se
rattachant à nous par notre grand-parent phylogénique ; la suivante ou les suivantes immédiates se re-
lieraient à nous par la souche bisaïeule, et seraient
par conséquent nos Cousines du second degré ; et
ainsi successivement, conformément aux indications
de notre diagramme de la parenté collatérale (91). Ar-
riveraient de la sorte en dernier degré, tout au bout
opposé de la ligne horizontale des collatéraux uniplanes, l'espèce ou les espèces qui sont comme les
extrémités terminales d'une branche phylogénique
sortant de la base de l'arbre à côté de la mère branche
dont l'Homme est le sommet proéminent. Ces espèces seraient les cousines de l'Homme les plus recu-
lées, c'est-à-dire celles dont le degré de cousinage par
rapport à lui se chiffrerait par le nombre total des
générations ou étages phylogéniques superposés à
partir de l'ancêtre primordial universel jusqu'à sa
descendance actuelle.

Les espèces d'un même étage ou plan phylogénique
ayant parcouru un égal nombre d'étapes d'évolution,

et le progrès évolutionnel devant être, si l'opinion qui a prévalu jusqu'ici n'était pas exagérée, un progrès d'organisation caractérisé par une division du travail vital croissante, et par une croissante spécialisation des fonctions et des organes, toutes ces espèces contemporaines devraient présenter par conséquent un degré équivalent de perfection anatomique et physiologique, et différer entre elles, non quant au *degré*, mais seulement quant au *mode* d'organisation.

S'il en était véritablement ainsi, les espèces contemporaines ne seraient pas susceptibles de sériation progressive, et comporteraient purement un classement par ordre de Généralité analogue au classement ethnique figuré ci-dessus en tableau (p. 94). Mais l'observation nous démontre que les faits ne répondent pas à cette prévision théorique. Effectivement, loin que tous les êtres de la faune actuelle, malgré que, suivant l'hypothèse évolutionniste, ils remontent à la même souche, qu'ils aient eu le même départ évolutionnel, et que leur ascendance ait traversé les mêmes époques, ait eu la même durée ; loin, dis-je, que tous ces êtres aient atteint un même plan de perfectionnement organique, ils se montrent on ne peut plus dissemblables sous ce rapport ; et, bien plus, un fait qui achève de déconcerter les calculs de la théorie, c'est que, sauf certaines exceptions, tous les stades de l'évolution phylogénique animale, depuis le Protiste jusqu'à l'Homme, ont leurs fidèles représentants dans la série de la faune actuelle, absolument comme si les grands types de la progression animale avaient été formés tous à la fois.

Pour faire bien saisir ce qu'un tel cas a de perplexe,

disons qu'il est comparable à celui d'un certain nombre d'êtres humains nés le même jour, qui, après
soixante ans écoulés, au lieu d'être tous des sexagé-
naires, nous offriraient une collection d'individus de
tout âge, depuis l'homme mûr et le vieillard chenu
jusqu'à l'enfant à la mamelle.

99. Pourtant ces phénomènes, si contradictoires en
apparence, ne sont pas inconciliables ; le diagramme
ci-après est destiné à mettre sous les yeux le procédé
de conciliation.

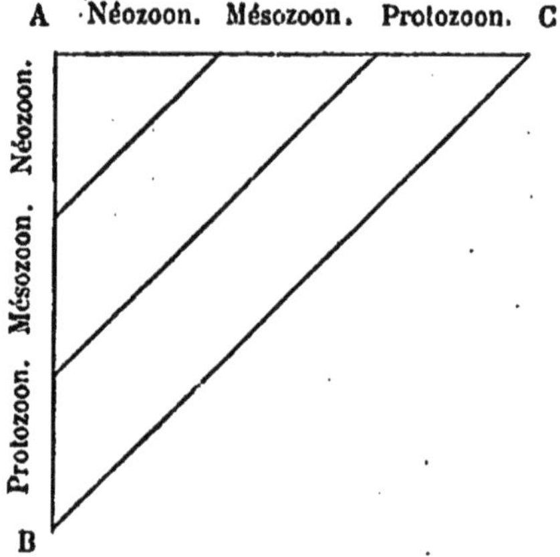

Nous traçons deux axes perpendiculaires, les lignes
A B et A C d'égale longueur. La verticale A B figure
l'échelle de l'évolution des espèces animales. Nous
la divisons en trois parties égales entre elles, correspondant aux trois grands termes ou types généraux auxquels nous ramènerons, pour simplifier,
cette progression, et que nous désignerons, en allant
de bas en haut, par les dénominations de *Protozoon,
Mésozoon*, et *Néozoon*.

Sur cette échelle ascendante, le Protozoon ou type

primitif est à la base, à l'origine. Vient immédiatement au-dessus sa transformation prochaine en Mésozoon, qui lui succède ; et au-dessus de celui-ci, sa transformation propre ou Néozoon, qui fait suite aux deux grands types successifs antérieurs.

Si, en partant d'en haut, de chacun des trois points de division de la verticale A B nous menons une oblique au point homologue de l'horizontale A C, nous aurons trois obliques parallèles, et trois divisions de la ligne A C correspondant à celles de la ligne A B, et se suivant dans le même ordre. Ainsi, nous plaçant au point d'angle A, nous aurons, inscrite sur la verticale, et pareillement sur l'horizontale, cette même suite : Néozoon, Mésozoon, Protozoon.

Autrement dit, la série dans l'espace des types contemporains de l'époque actuelle répétera la série dans le temps des types successifs de l'histoire géologique.

Mais qu'est-ce qui justifie la construction d'un tel graphique ? Sans doute, dans la ligne verticale et sa graduation on reconnaît sans peine un schème de la succession des types zoologiques dans le cours des temps ; mais les lignes obliques qui partent de cette échelle pour aller déterminer sur l'horizontale du tableau des divisions égales et affectées à la figuration des mêmes types, quelle est donc la loi phylogénique qu'elles sont censées traduire ?

Voici la réponse :

La verticale A B doit être considérée comme une tige unilinéaire d'arbre dont la croissance s'est opérée par le développement d'une suite de bourgeons

terminaux annuels. Le premier bourgeon est le Protozoon ; par son développement il donne naissance à
un deuxième bourgeon terminal, le Mésozoon ; et celui-ci engendre de la même façon un troisième bourgeon terminal, le Néozoon, qui est le sommet final de
la tige.

Maintenant l'histoire zoologique nous autorise à
admettre que du point d'origine — du mésophyte —
de chacun de ces bourgeons terminaux successifs
naît à côté un deuxième bourgeon, celui-ci une
manière de bourgeon latéral, qui pousse suivant
l'oblique correspondante du tableau, et qui se différencie phylogéniquement du bourgeon de tête (à pousse
verticale) par ce contraste profond que, tandis que le
premier est métamorphique, est évolutif, c'est-à-dire
a en lui le germe de la transformation progressive du
type originel, le second est phylogéniquement stérile, *amétamorphique*, *inévolutif*, ce qui signifie
qu'il s'accroît et se prolonge indéfiniment à travers
les âges et les révolutions du globe en conservant
fidèlement et perpétuant indéfiniment les caractères
du type-souche dont il émane.

Notre graphique exprime ce double phénomène de
la vie des espèces, qui, d'une part, pourvoit à la transformation des types originels, et, de l'autre, assure leur
conservation. Si le type Monère, le plus bas de tous,
par une suite d'innombrables transformations qui
ont pris des millions de milliers d'années, comme
Hæckel a pu le dire sans exagération, se trouve pré-
sentement métamorphosé en type Homme, d'un autre
côté ce type primitif n'a pas cessé d'exister jusqu'à
ce jour dans la plénitude de ses caractères essentiels ;

et pendant qu'il figure à la base de la progression chronologique dont l'Homme est le sommet, il se rencontre en même temps avec lui sur la scène de la faune actuelle, dont ils occupent les deux coins opposés.

Le type Ver, transformation prochaine du type Monère, d'un côté se change en type Vertébré, d'un autre se continue en un prolongement phylogéniquement stérile qui atteint l'époque présente, et donne place au Ver à la suite du Monère dans le rang de nos espèces contemporaines. Et le type Poisson, ce père phylogénique du type Batracien, est bien encore le proche voisin de ce fils sur l'horizontale de l'étage zoologique moderne, comme il l'est sur la verticale des types successifs. Du type Marsupial est issu le type Prosimien ; du type Prosimien, le type Simien ; de celui-ci, le type Homme. Eh bien, est-ce que toute cette longue filiation généalogique de types, formée par superposition dans le temps, ne se retrouve pas alignée de front dans l'espace ?

Tel est donc le processus de la nature en vertu duquel la série chronologique des espèces a sa reproduction plus ou moins fidèle et plus ou moins complète dans leur série contemporaine, et qu'est réalisé ce miracle que la suite immense de nos ancêtres zoologiques, dont les moins reculés plongent déjà dans un passé si profond, se trouve en même temps présente et vivante parmi nous.

La même loi règne en Linguistique et en Sociologie. L'évolution historique du langage comprend trois grandes phases, celle du monosyllabisme, celle de l'agglutination, et celle de la flexion. Or à côté de nos langues vivantes à flexion vivent encore des langues

du type monosyllabique (le chinois) et des langues du
type agglutinatif (le finnois). De même encore pour
l'évolution des sociétés humaines. Les peuples dits ci-
vilisés ont passé par les phases de la sauvagerie et de
la barbarie, et à côté d'eux subsistent jusqu'à présent
nombre de sociétés barbares et de sociétés sauvages.

⁎

100. Ainsi les formes mères ne sont pas nécessairement condamnées à mourir dès après avoir enfanté,
et elles peuvent continuer à vivre la vie entière de leur
postérité la plus reculée. A vrai dire, toutes n'ont
pas cette destinée, et on peut ajouter qu'il n'est
pas un seul type proprement spécifique qui se soit
transmis d'un âge géologique au suivant sans laisser
en route quelque chose de ses caractères originels.
Ce qui seul, dans la généralité des cas, survit de
l'espèce mère indéfiniment, ce n'est pas rigoureusement son type d'espèce, mais au plus le type de son
genre, et le plus souvent seulement le type de son
ordre, quand cette survivance ne se réduit pas au type
de classe. Aussi n'est-ce pour la plupart que dans les
types généraux de haute ou moyenne extension que
la série généalogique des êtres revit dans la série contemporaine.

Celle-ci est dès lors une chaîne brisée dont de nombreux anneaux sont manquants. Pour raccorder
ces fragments, pour rétablir les continuités rompues,
le classificateur s'adresse à l'Embryologie et à la Paléontologie. Mais ces sources de documents complémentaires sont très insuffisantes : la Paléontologie,
parce que ses trésors restent encore enfouis pour la

plus grande part, ou parce qu'ils ont disparu sans retour ; l'Embryologie, par la raison que la Loi de Serres n'est rien moins que constante, c'est-à-dire que l'évolution embryonnaire est loin d'offrir toujours un résumé complet de l'évolution phylogénique. Le plus souvent en effet elle n'en récapitule les phases que par fragments, et quelquefois ce sont les parties principales qui sont omises. Cette sorte d'escamotage, d'échelons phylogéniques dans la récapitulation ontogénique est un phénomène aujourd'hui bien connu des zoologistes ; ils l'ont nommé « accélération embryogénique ».

J'ai proposé, il y a trente ans, une méthode qui permettrait dans une large mesure de parer à ces insuffisances de l'anatomie comparative, de l'embryologie et de la paléontologie, au point de vue du diagnostic de classification, et je crois en avoir démontré la valeur par un certain nombre d'applications d'une importance incontestée[1]. C'est ce que j'appellerai *le diagnostic taxinomique par exclusion.* Cette méthode consiste à établir les incompatibilités phylogéniques d'organisation, c'est-à-dire celles qui font qu'une espèce déterminée ne saurait avoir telle autre espèce pour ascendant ou pour descendant en ligne directe. A l'aide de ce critérium j'ai pu démontrer avec la dernière évidence un certain nombre d'erreurs, dont quelques-unes très graves, où sont tombés les zoologistes contemporains les plus en vue, et notamment Hæckel dans la cons-

---

1. *Les Origines animales de l'Homme éclairées par la physiologie et l'anatomie comparatives,* 1 vol. in-8° avec de nombreuses figures dans le texte, Paris, 1870. — *Genèse naturelle des formes animales,* 1 broch. In-8°, Paris, 1888.

truction de ses arbres généalogiques du règne animal. C'est ainsi, par exemple, que j'ai pu offrir des preuves péremptoires : 1° comme quoi les Halisauriens (Enaliosauriens — lesquels par parenthèse n'ont rien des Sauriens) — et les vrais Cétacés, ne sont pas le produit d'une évolution régressive d'animaux terrestres, mais appartiennent à une lignée qui a pris naissance dans la mer et ne l'a jamais quittée ; et comme quoi ils sont, par leur type général, les grands oncles, sinon les ancêtres, des mammifères terrestres, c'est-à-dire les collatéraux plus ou moins proches de l'espèce ou des espèces marines vivipares d'où nous descendons ; 2° comme quoi les Siréniens, que l'on donne pour descendants aux Cétacés souffleurs, ont une origine tout autre, sont la progéniture d'herbivores terrestres qui cherchèrent un refuge dans le milieu aquatique et s'y adaptèrent ; 3° comme quoi la famille des Tortues embrasse une série de types successifs d'âges très divers ; comme quoi les Thalassites sont la souche commune de toutes les autres sortes ; comme quoi les Tortues amphibies d'Amérique en proviennent immédiatement ; tandis que les Tortues terrestres de l'ancien monde en proviennent médiatement par l'intermédiaire des Tortues de marais ; 4° comme quoi le type Batracien anure ne peut être la souche du type Reptile ; 5° comme quoi ce dernier — à ne le considérer que dans ses représentants de la faune actuelle, et réserve faite des Archosauriens, qui ont une origine différente [1], peut avoir, et a probablement donné

---

1. Ce qui, à mes yeux, est une preuve péremptoire du fait, c'est que, chez les vrais Reptiles, la pronation de l'avant-bras est obtenue au moyen d'une luxation antéro-interne du coude, tandis que chez les Dinosau-

naissance au type Oiseau, tandis qu'il est de toute impossibilité que le type Mammifère en provienne ; 6° comme quoi les Monotrèmes sont d'une formation étrangère à celle de tous les autres mammifères terrestres, et ont une origine distincte ; 7° comme quoi les Proboscidiens, que Hæckel s'égare jusqu'à donner comme une transformation des Rongeurs, ne sauraient avoir pour type ancestral aucune des formes représentées par les mammifères vivants à pronation fixe ; etc., etc...

Cette méthode d'exclusion s'applique non moins heureusement à la détermination des rapports généalogiques des Langues. Lorsqu'on eut découvert le sanscrit et sa parenté avec le grec, le latin, et les idiomes slaves, germaniques et celtiques, le premier mouvement des linguistes fut de voir en lui leur commun ancêtre. Mais on a constaté plus tard des incompatibilités morphologiques et phonétiques qui excluent manifestement la possibilité d'une telle dérivation, et depuis il a été admis que la langue sacrée de l'Inde, d'une part, et nos langues européennes à flexion d'autre part, sont entre elles dans un rapport de collatéralité et non de filiation, c'est-à-dire se rattachent à un tronc commun, mais par des embranchements distincts. Il est établi de la sorte que le sanscrit n'est pas l'ancêtre du français, de l'italien, de l'allemand, du bas-breton, du russe, etc., mais qu'il en est un grand-oncle très reculé.

* *

riens elle se produit par révolution radio-carpienne, comme chez tous les Mammifères terrestres, les seuls Monotrèmes exceptés.

101. Nous venons de voir tout à l'heure qu'une distinction profonde partage la faune vivante en deux catégories. D'un côté nous avons des espèces qui sont entre elles des collatérales uniplanes (c'est-à-dire des sœurs, des cousines germaines, des cousines au 2°, au 3°, etc. degré, *sous le rapport phylogénique*, autrement dit qui représentent un même degré d'évolution, bien que sur des modes différents ; de l'autre côté se trouvent des espèces qui ne sont sur le même plan de généalogie que *sous le rapport génésique*, et appartiennent à différents étages phylogéniques, ce qui veut dire que, bien qu'issues des mêmes premiers parents, et étant censées compter le même nombre d'ascendants comme génération physiologique, elles appartiennent à différents stades d'évolution inférieurs. Par exemple, supposons que le Lion, le Tigre, la Panthère, le Chat, soient quatre modifications diverses et contemporaines d'un même type antérieur de Carnassier, lequel sera comme leur commun père phylogénique. Ces quatre espèces seront des collatéraux uniplanes au point de vue de l'évolution. Supposons maintenant que le type paternel de Carnassier en question se soit en même temps perpétué tel quel jusque dans la faune actuelle : ce Profélin (comme on dit Prosimien) sera à la fois, et le *père* de nos Félins vivants comme type, et leur *cousin* sous le rapport de la parenté purement physiologique qui les relie ensemble en tant qu'individus.

Le Monère actuel est, *phylogéniquement* parlant, le père Adam de tous les animaux vivants, y compris l'Homme ; *génésiquement* parlant, il est notre cousin à un degré extrêmement reculé.

Et maintenant une question d'un très vif intérêt
se pose : Quelle sera la place relative des espèces animales de chacune de ces deux catégories par rapport
aux espèces correspondantes de la catégorie opposée,
dans la classification des Animaux ? Car, d'après ce
que nous venons de voir, le problème se complique
d'une façon imprévue. En effet, il ne s'agit plus seulement d'une simple généalogie où tous les rapports
de parenté peuvent être ramenés aux deux grandes
catégories de la Filiation et de la Collatéralité ; cette
fois, la tâche du généalogiste est de distribuer rationnellement, en un système, des termes qui sont unis
en même temps par des rapports généalogiques contradictoires, ce qui fait, par exemple, que A est simultanément le père de B et son frère, suivant le point
de vue. Un joli problème à proposer, c'est un schème
de classification qui réalise une juste combinaison
de ces deux données taxinomiques formant antinomie.

Ainsi qu'il est facile d'en juger par ce qui précède,
si la doctrine de l'Evolution est venue nous mettre
enfin sur la bonne piste pour atteindre le desideratum
chronique de la classification naturelle, elle ne peut
pour autant se flatter d'en être venue à bout. Et j'ajoute
qu'elle a surtout mis à nu l'extrême complication de
l'entreprise, et des difficultés presque inextricables
qu'on n'y soupçonnait pas.

Nous venons de considérer quelques-uns de ces
points théoriques épineux, mais il en est encore d'autres, et ce ne sont pas les moindres parmi ceux qui
se présentent à notre esprit ; les plus saillants vont
être signalés.

102. La classification généalogique des règnes animal et végétal — et nous pouvons ajouter des règnes linguistique, sociologique et autres encore sur lesquels s'étend la loi d'évolution — est loin d'offrir la simplicité d'une généalogie ordinaire, où l'on n'a à considérer que les rapports mutuels de parenté des individus sans égard aucun à leurs qualités intrinsèques et aux comparaisons auxquelles elles peuvent donner lieu. Ici, les lignées sont des successions d'espèces, c'est-à-dire de formes (*species*, εἶδος) distinctes ; il en résulte que les objets à classer ne sont pas à considérer au seul point de vue de leurs relations généalogiques, mais en outre à celui de leur ressemblance et de leur dissemblance graduées, ce qui fait qu'ils relèvent en même temps de l'ordre taxinomique de généralité.

Il y a donc lieu, dans le domaine des espèces douées de vie et susceptibles d'évolution (nous étendons cette désignation aux langues et aux sociétés humaines), à une classification double, l'une d'ordre Généalogique, l'autre d'ordre Générique. Et maintenant, ces deux ordres distincts de classification peuvent-ils se combiner, se conjuguer en un seul et même système ? C'est là, quoi qu'il en soit, un but que les classificateurs de la vieille école ont poursuivi inconsciemment, faisant, sans s'en douter, de la classification généalogique sous couleur d'*affinité* et de *série* ou *chaîne des êtres*, et s'appliquant en même temps à diviser les deux règnes en classes génériquement subordonnées.

De son côté, l'école évolutionniste, ou plutôt celle de Hæckel, tout en faisant sonner bien haut que « la doctrine transformiste est venue éclairer d'une manière soudaine le problème des classifications, et *supprimer ce qu'il y a de métaphysique* et d'obscur dans la notion de classification naturelle[1] », s'est conformée, dans la pratique, sans y rien changer d'essentiel, à la terminologie des vieux naturalistes classificateurs, et à leur méthode, toute « métaphysique », de divisions et de subdivisions progressives, sous des appellatifs génériques d'une généralité hiérarchisée.

En purs, stricts et irréductibles généalogistes des deux règnes de la nature vivante, et pour rompre nettement avec les abstractions et les obscurités de la vieille doctrine par eux conspuée, Hæckel et ses élèves devaient se borner à dire : « L'espèce A a enfanté l'espèce B, qui a enfanté l'espèce C, qui a enfanté l'espèce D, qui a enfanté l'espèce E, etc., etc. » Loin de là, de telle ou telle espèce déterminée il n'est à peu près jamais question dans leurs classifications ; et au lieu d'y désigner les animaux ou les plantes par des dénominations exprimant le rang et la place occupés par eux dans leur arbre généalogique, ils ne les distinguent que par les noms génériques de différents degrés de généralité, noms de Classe, noms de Famille, noms d'Ordre, noms de Genre, qu'ils empruntent tels quels à la nomenclature de la taxinomie « métaphysique ».

Dès lors, loin de renverser la vieille méthode, comme ils s'en flattent, ils lui payent tribut et lui rendent hommage. La vérité est plutôt qu'ils ont oublié de se poser catégoriquement la question de la dis-

<hr>

1. Félix Bernard, *Éléments de paléontologie*, p. 38.

tinction des deux méthodes, qu'ils ne se sont rendu aucun compte de ce qui fait l'essence de l'une et de ce qui fait l'essence de l'autre, de leurs différences et de leurs incompatibilités, et qu'ils les ont employées empiriquement et confusément toutes deux sans se préoccuper ni se douter de leurs désaccords.

Cette question négligée est pourtant fondamentale, mais en même temps singulièrement ardue. C'est ce que je vais tâcher de faire comprendre.

.·.

103. Comme nous l'avons déjà noté, les naturalistes de la vieille école se sont livrés à leurs ébauches de classifications en partant d'un principe qui est l'équivalent de l'Evolution, l'*Affinité* ; et il eût donné les mêmes résultats pratiques si, comme il a été précédemment expliqué, les classificateurs n'avaient point fait fausse route dès le point de départ pour n'avoir pas saisi que le rapport de filiation n'exclut pas celui de collatéralité, et s'être par suite abandonnés à l'illusion d'une sériation unilinéaire totale des Êtres.

Certes, si en effet la totalité des espèces de chaque règne pouvait se ranger à la file en une seule progression phylogénique — c'est-à-dire en une succession en ligne directe, où chaque génération ne serait représentée que par un seul rejeton, ce qui exclurait la collatéralité — rien ne serait plus simple et plus aisé que de former une classification des espèces où l'ordre de Généralité et l'ordre de Généalogie viendraient se fondre ensemble dans une parfaite et harmonieuse unité de système. La tâche se réduirait en effet à diviser suivant l'ordre de Généralité une série progressive d'après l'exemple offert dans le tableau des Tailles, ci-dessus (p. 111). Ainsi la série se sectionnerait d'abord, je suppose, en trois grands tronçons, deux extrêmes et un moyen, qu'on pourrait désigner d'après les caractères typiques du niveau d'évolution correspondant. Chacun de ces grands tronçons de haute généralité se subdiviserait à son tour en un certain nombre de tronçons du degré de généralité immédiatement inférieur ; et ainsi de suite jusqu'à ce que serait atteint l'élément premier de la série, c'est-à-dire ici l'espèce animale ou végétale.

Hæckel semble avoir préjugé la possibilité d'une telle unification, tout comme les vieux classificateurs eux-mêmes. Et effectivement il a fait un pas très décidé pour la réaliser. Après avoir dessiné son Arbre généalogique du règne animal (qu'il appelle l'arbre généalogique de l'Homme) et l'avoir chargé d'écriteaux indicateurs suspendus au tronc et aux branches, il trace en dehors et sur un des côtés du tableau, parallèlement à l'axe de l'Arbre, quatre grandes accolades divisant cet axe en quatre segments ; et à chacun de ces segments il applique un nom général d'animal du plus haut degré de généralité, c'est-à-dire de « Hauptklasse », ce qui correspond à l'Embranchement de la nomenclature de Cuvier. Ces quatre divisions portent les dénominations suivantes : Urthiere (*Protozoa*) ; Wirbellose Darmthiere (*Metazoa evertebrata*) ; Wirbelthiere (*Vertebra*) ; Saügethiere (*Mammalia*) [1].

Le lecteur saisit-il toute la portée d'un pareil acte ?

---

1. *Anthropogenie. — Entwickelungsgeschichte des Menschen.* 1 fort vol. In-8°, Leipsig, 1874, p. 407.

Elle est des plus considérables. Hæckel est pris là
sur le fait — *flagrante delicto* — de donner en plein
dans l'erreur classique de la « chaîne des êtres », au
mépris ou à l'entier oubli de son dogme réformateur.

En effet, si l'arbre phylogénique qui figure l'ensemble des espèces animales généalogiquement
distribuées peut se diviser en quatre coupures transversales ou tranches constituant les quatre « Hauptklassen » ou Embranchements du règne animal,
c'est aussi par conséquent transversalement que
chacune de ces grandes tranches d'Embranchement
devra se subdiviser à son tour pour se réduire en
tranches de Classe ; que chacune de celles-ci devra
se subdiviser à son tour en tranches d'Ordre ; que
chacune de ces dernières devra pareillement se subdiviser en tranches de Genre. Et nous arriverons
ainsi finalement à un sectionnement total de l'arbre
en petites tranches transversales de la dernière min-
ceur dont chacune devra représenter *une* Espèce, par
la même raison que chacune des tranches collectives
de différent ordre représente, soit *un* Genre, soit *un*
Ordre, soit *une* Classe, soit *un* Embranchement.

Notre arbre généalogiqu. des Animaux cesse donc
d'être un système d'échelles ou séries s'embranchant
progressivement les unes sur les autres, et se trouve
réduit à une échelle simple et unique dans laquelle
rentrent toutes les espèces, et dont chaque petit
échelon représente une seule espèce. Et nous voilà
retombés par conséquent dans la vieille utopie de la
sériation unilinéaire des êtres, contre laquelle l'école
évolutionniste s'est si véhémentement et si justement
élevée.

Il n'y a pas à regimber, certaine et palpable est la conséquence de la division faite par Hæckel de son Stammbaum du règne animal en quatre Embranchements *transversaux*, horizontaux, c'est-à-dire suivant une direction perpendiculaire à celle de la division ramifiée de tout arbre généalogique : ce n'est ni plus ni moins que la négation et la condamnation de sa doctrine prononcée par lui-même.

On s'arrache difficilement à l'aveugle confiance que certaines célébrités nous ont imposée ; pour nous décider à reconnaître que ces hommes admirés ont erré gravement, lourdement, il faut que les preuves s'en entassent, s'en accumulent sous nos yeux jusqu'à s'élever à la hauteur d'une montagne. Aussi convient-il d'insister sur cette démonstration inattendue comme quoi Hæckel a ruiné d'une main l'œuvre de réforme scientifique à laquelle il travaillait de l'autre.

La division en travers de l'arbre généalogique des espèces tentée par lui aboutit à des résultats tellement paradoxaux que sans doute l'illustre naturaliste eût bien vite fait de renoncer à son entreprise pour peu qu'il lui eût été donné de les entrevoir. Nous allons en signaler quelques-uns.

104. Il ressort clairement de ce qui vient d'être exposé que Hæckel entend porter sur une perpendiculaire, élevée parallèlement à l'axe de son Stammbaum la totalité des espèces comprises dans cet arbre phylogénéalogique. Bien plus, l'auteur, comme pour prévenir à cet égard nos doutes, s'est donné le soin

surprenant que voici. A côté de chacun de ses
« Stammbæume » (arbres généalogiques) il a disposé
un « Uebersicht » (vue synoptique) qui lui fait pendant.
C'est un tableau où les mêmes termes qui figurent
dans l'arbre généalogique sont classés suivant l'ordre
de généralité. Or les unités de chaque rang de généralité, c'est-à-dire les espèces, les genres, les ordres,
les classes, etc. qui, dans l'arbre, sont distribuées
longitudinalement et latéralement, c'est-à-dire en un
système de lignes droites coordonnées, maintenant
se trouvent portées sur une seule verticale dans le
tableau annexé, n'en remplissant plus qu'une seule
colonne. De la sorte les termes qui, dans l'Arbre, se
suivent horizontalement, autrement dit les termes
collatéraux, sont entremêlés, dans l' « Uebersicht »,
avec ceux qui se suivent verticalement, c'est-à-dire
avec les termes successifs ou de filiation ; et de là
une progression discontinue entrecoupée par l'intru-
sion de termes hétérogènes. Et l'auteur a tellement
bien entendu incorporer et amalgamer les termes collatéraux parmi ceux de la série de filiation dans le
but de ne former du tout qu'une série unique, que cette
série hétéroclite a été numérotée par lui d'un bout à
l'autre.

Voir notamment les doubles tableaux des pages 416-
417 et 440-441 (*Anthropogenie*). Les tableaux de classification du côté droit, le *Stammbaum des Thierreichs*
(arbre généalogique du règne animal), et le *Stammbaum des Wirbelthiere* (arbre généalogique des Vertébrés), nous offrent les noms zoologiques de chaque degré de généralité (noms de classe, d'ordre, etc.) répartis
en séries progressivement divergentes à la manière des

ramifications d'un arbre naturel. Dans les tableaux de gauche, le *Uebersicht über das phylogenetische System des Thierreichs* (vue synoptique du système phylogénique du règne animal), et le *Uebersicht über das phylogenetische System der Wirbelthiere* (vue synoptique du système phylogénique des Vertébrés), les mêmes termes sont tous rangés à la file, et chacun d'eux porte son numéro d'ordre. L'une de ces colonnes comprend 40 numéros ; le n° 1 est porté par *Monera*, le 40ᵉ par *Mammalia*. Une autre colonne est de 28 numéros ; elle commence par *Amphioxida*, et se termine par *Placentalia*. Jetons un coup d'œil comparatif sur ces tableaux, et d'abord sur les deux premiers.

Dans l'arbre (p. 417), *Amœbina* engendre d'un côté *Gregarina*, et d'un autre côté *Acetina* par *Infusoria*. Dans le synoptique, après *Amœbina* vient *Gregarina*, ce qui est conforme ; mais ce dernier est suivi de *Acetina*, son collatéral, qui par conséquent prend ici rang de descendant par rapport à lui. Dans l'arbre, *Echinoderma, Arthropoda, Vertebrata* et *Mollusca* forment trois rameaux distincts prenant naissance sur une même souche ; dans le synoptique, ces quatre termes se succèdent dans une même verticale et en une seule progression phylogénique, comme ci-après : *Mollusca, Echinoderma, Arthropoda, Vertebrata*. Voilà donc, d'après le tableau de droite, quatre frères ; et ces quatre frères, dans le tableau de gauche, se transforment en grand-père, père, fils et petit-fils.

Passons aux autres deux tableaux connexes. Dans

l'arbre (p. 441), *Cyclostoma* et *Selachii* sont portés sur deux branches distinctes, ce sont des collatéraux ; dans le synoptique (p. 440), le premier précède, le second suit, tels qu'un ascendant et un descendant. Dans l'arbre, de la souche commune *Amphibia* sortent deux rameaux divergents, *Reptilia* et *Mammalia* ; puis le rameau *Reptilia* se prolonge en *Aves*. Ces deux derniers sont donc désignés comme collatéraux de *Mammalia*. Or, dans le synoptique, nous trouvons la série progressive ci-après : *Amphibia, Reptilia, Aves, Mammalia*, qui pour les trois premiers termes est bien conforme à la classification de l'arbre généalogique, mais qui, en ce qui est du quatrième, y déroge ouvertement, faisant de *Mammalia* la progéniture de *Aves*, son collatéral.

.·.

105. Revenons à l'essai de conjugaison de l'ordre de généralité avec l'ordre de généalogie indiqué sur le *Stammbaum des Menschens* de Hæckel.

Voilà donc son arbre phylogénique coupé horizontalement à trois hauteurs différentes en quatre grandes tranches dont il fait quatre Classes supérieures ou Embranchements du règne animal. Nous l'avons vu, mais il faut le rappeler, la logique exige rigoureusement que la division ainsi commencée se continue jusqu'au bout d'après le même principe ; c'est-à-dire que les tranches horizontales d'Embranchement se subdivisent en tranches horizontales de Classe, celles-ci à leur tour en tranches horizontales d'Ordre, celles-ci en tranches horizontales de Genre, et ces dernières enfin en tranches horizontales d'Espèce.

Eh quoi, est-ce à dire que chaque tranche d'embranchement ne comprendra qu'un embranchement, que chaque tranche de classe ne comprendra qu'une classe, et, pour finir, que chaque tranche d'espèce ne comprendra qu'une seule espèce? Oui certes, c'est bien là inévitablement ce que Hæckel a dû concevoir par le plus surprenant oubli des réalités les plus manifestes et de la logique de son principe ; à cet égard nous avons les témoignages accablants fournis par son œuvre et rapportés ci-dessus.

Il sautait aux yeux pourtant que chaque coupe horizontale de l'arbre n'est pas la coupe d'une tige unique, mais bien de toutes les branches et rameaux qui, plus ou moins nombreux, se rencontrent au niveau de la section. Par conséquent chaque tranche d'espèce, comme d'ailleurs chaque tranche d'ordre supérieur, comprendra tout un ensemble varié de termes collatéraux. Ces termes uniplanes seront-ils donc tous de la même espèce? Oui forcément, puisqu'il est convenu que nous avons affaire à une tranche d'espèce, c'est-à-dire à une unité d'Espèce, qui ne peut pas plus être une pluralité d'espèces que chacune des quatre unités d'Embranchement ou Hauptklasse de Hæckel — *Protozoa*, *Metazoa evertebrata*, *Vertebrata* et *Mammalia* — ne peut constituer à elle seule une pluralité d'embranchements. Et alors voici quelles conséquences stupéfiantes la logique la plus complaisante ne peut s'empêcher de tirer des prémisses taxinomiques magistralement posées par Hæckel.

Afin de rendre notre démonstration aussi simple, aussi limpide et aussi décisive que possible, nous allons raisonner sur des exemples, et ces exemples, c'est encore dans l'ouvrage de Hæckel que nous les puiserons.

Son Arbre phylogénique des Animaux, dont nous nous sommes déjà occupés, n'est à vrai dire que l'une des deux mères branches de son Arbre intégral de la nature vivante[1], dans lequel il nous offre la généalogie du règne animal et celle du règne végétal rapprochées et réunies sur une souche commune.

Représentons-nous donc ces deux arbres, qui n'en forment ainsi qu'un en réalité, s'élevant parallèlement et côte à côte jusqu'à une hauteur que nous pouvons ici sans inconvénient supposer la même pour tous deux.

Evidemment aucune raison de principe ne saurait s'opposer à ce que la division transversale instituée par Hæckel pour son arbre zoologique soit également applicable à son arbre biologique intégral, dont le premier n'est qu'une des deux moitiés jumelles.

Remarquons d'abord toutefois que, comme il s'agit maintenant de l'arbre généalogique des deux règnes réunis, et non plus de l'arbre généalogique d'un seul règne, ce n'est pas par les *Hauptklassen* ou Embranchements que la division aura à débuter, mais bien par la séparation des deux Règnes.

Donc, de même que l'Arbre Zoologique a été coupé d'abord transversalement en quatre grandes tranches désignées comme *Hauptklassen* ou Embranchements, suivant le même principe, l'Arbre Biologique total

---

1. Voir l'*Histoire naturelle de la création*, par Hæckel, mentionnée et commentée dans *Hæckel et la théorie de l'évolution en Allemagne*, par A. Dumont, 1 vol. in-12, Paris, 1873.

devra aussi être sectionné tranversalement, et d'abord
en deux tranches de Règne, l'une représentant le règne
animal, l'autre le règne végétal. Cette conséquence
est d'une rigueur qui défie toute argutie.

Le lecteur aperçoit déjà, j'imagine, le paradoxe co-
lossal d'un tel résultat : l'ensemble des deux règnes
divisé en deux classes naturelles primordiales dont
chacune comprend l'une des deux moitiés de chaque
règne ; en d'autres termes, un Règne Animal et un
Règne Végétal, chacun formé par moitié d'animaux
et de végétaux !

Et chaque subdivision de cette division première
aboutira pareillement à la même contradiction mons-
trueuse : les Embranchements, les Classes, les Ordres, les Genres, et enfin les Espèces, prenant l'arbre
sur toute sa largeur, seront formés mi-partie d'animaux et mi-partie de végétaux. Il est donc permis
d'en prévoir cette conséquence bizarre : chaque division Espèce, n'offrant naturellement qu'une unité
Espèce, mais comprenant malgré tout des animaux
et des végétaux, il pourra se rencontrer que la Tulipe
et le Crapaud soient tous deux de la même espèce…
Et pourquoi pas, je le demande hautement, si Hæckel
a agi avec intelligence en tronçonnant son arbre zoologique en quatre morceaux, l'un sur l'autre, pour en
faire les quatre Grandes Classes du règne animal ?

Oui, telles sont les suites qui découlent par une
logique inexorable du principe si témérairement posé
par Hæckel de la classification générique des êtres
suivant des coupes transversales de leurs arbres
généalogiques.

Ne m'accusera-t-on pas d'avoir pris, pour appuyer

ma critique, un cas exceptionnel, excessif? Le reproche serait immérité ; mais pour qu'il ne reste aucune
porte ouverte à la contestation, nous laisserons là
l'Arbre Biologique universel, que nous devons pourtant à Hæckel lui-même, pour nous en tenir à son
Arbre Zoologique. Rappelons encore une fois que
l'auteur coupe ce dernier transversalement, et dans
toute sa largeur et son épaisseur, en quatre pièces
dont il fait autant de « Hauptklassen », et que ces
quatre classes supérieures s'énumèrent ainsi, *en allant de bas en haut* : Protozoaires ; Métazoaires invertébrés ; Vertébrés ; Mammifères.

Voilà donc qui est clair comme le jour : Le règne
animal est — pour varier nos métaphores — comme
une maison à plusieurs étages, dont le rez-de-chaus-
sée est occupé par les Protozoaires ; le premier, par les
Métazoaires invertébrés ; le deuxième, par les Vertébrés ; le troisième, par les Mammifères.

Quelque logicien hargneux va m'arrêter court en
m'interpellant sur le point de savoir si ce n'est pas
gratuitement que je prête à Hæckel la faute peu vé-
nielle d'avoir compris dans une même énumération,
comme unités homogènes et de même grade, le Vertébré et le Mammifère, qui incontestablement sont
subordonnés ou surordonnés l'un à l'autre, le premier étant un genre vis-à-vis du second, qui réciproquement est pour lui une espèce. Il est hors de doute
en effet que si tous les vertébrés ne sont pas des
mammifères, il est universellement admis que tous
les mammifères sont des vertébrés. Pour clore au plus
vite ce petit incident, disons que l'illustre auteur est
bien seul responsable du lapsus, mais qu'il a pour

règle de ne pas se commettre avec la logique et la métaphysique, et qu'on tenterait inutilement de l'amener sur un pareil terrain de discussion. Revenons donc à nos moutons.

Pour ce qui est des « Protozoaires », pas de difficulté : ils sont par définition antérieurs à la différenciation du type animal, et peuvent être tenus par conséquent pour un groupe très « naturel ».

Viennent immédiatement au-dessus les « Métazoaires invertébrés ». Ici l'embarras commence. Nous avons encore assez bonne mémoire pour n'avoir pas oublié que notre auteur, dans son « *Stammbaum des Thierreichs* », tableau XIVe, page 417, fait quatre branches sœurs, portées sur une même souche prochaine, des Mollusques, des Echinodermes, des Arthropodes et des Vertébrés. Ces quatre branches sœurs devraient nécessairement, comme telles, être comprises dans une même grande tranche transversale de l'Arbre. Feront-elles donc toutes partie du grand groupe transversal des « Métazoaires invertébrés » ? Impossible, par la raison, d'abord, que les Vertébrés cessent d'être une branche sœur, une branche collatérale des Mollusques, des Echinodermes et des Arthropodes, pour constituer maintenant tout un étage de l'arbre au-dessus de ceux-ci.

Hæckel dira peut-être, ou on lui fera dire, qu'il s'est ravisé, qu'après réflexion il a reconnu que si les Vertébrés ont sensiblement le même point d'attache, dans l'arbre zoologique, que les Mollusques, les Echinodermes et les Arthropodes, ils s'élèvent plus haut qu'eux... Raisons très insuffisantes. Car puisque la branche des « Vertébrés » part à peu près du même niveau que les trois autres, les quatre branches s'accompagnent entre elles jusqu'au point où s'arrête celle qui monte le moins haut. Et en effet, sans arguer des tableaux de Hæckel, et nous appuyant simplement sur l'opinion commune des naturalistes, nous pouvons dire que les Mollusques les plus élevés, certains Céphalopodes, dépassent, comme perfection d'organisation, les Vertébrés les plus bas, tels que l'Amphioxus ou la Lamproie. Il existe donc une tranche ultime de l'arbre des animaux, et par conséquent une des divisions extrêmes de la classification transversale de Hæckel, c'est-à-dire une division Espèce, qui comprend à la fois des Mollusques, des Echinodermes, des Arthropodes, et des Vertébrés !

Mais je m'arrête pour ne pas encourir le reproche de triompher méchamment des défaillances d'un homme illustre.

．．

106. Je me demande vainement quel a été le dessein de Hæckel et ce qu'il a eu en vue d'établir en associant comme il l'a fait la classification par ordre de Généralité à la classification par ordre de Généalogie. Ce n'est pas sans doute la superposition de ces deux classifications qu'il a voulu prouver, puisque dans son arbre et dans ses tableaux elles vont diamétralement au travers l'une de l'autre. Mais cette superposition est-elle possible ? est-elle dans la nature des choses ? C'est là une question capitale. Nous ne pouvons l'examiner ici que brièvement.

Le sujet a été déjà effleuré dans notre chapitre spécial consacré à l'ordre de Généalogie. Il a été dit là

(58) que le nom de l'ancêtre formant la souche d'une ou plusieurs branches généalogiques pouvait rationnellement constituer le nom commun — le nom de famille — de tous ses descendants. De là résulterait ce semble que les noms de souche d'un système généalogique d'objets seraient en même temps les noms généraux d'un système de classification générique applicable aux mêmes objets. Et puis, comme les souches sont de différents degrés, et se groupent en différents étages généalogiques, les noms que leur emprunterait le système de généralité se trouveraient être pareillement des noms généraux de différents degrés ; et, qui plus est, le degré générique de chacun de ces derniers correspondrait au degré généalogique de la souche homonyme.

De là il paraît résulter avec une pleine évidence qu'un simple décalque d'un système de classification généalogique nous donnerait avec une exactitude absolue, un système correspondant de classification générique.

Revenons au grand Arbre phylogénique de la nature vivante conçu et dessiné par Hæckel. Quel est le nom le plus logique, le plus naturel qui se présente à l'esprit pour désigner sa souche première, c'est-à-dire l'Être qui, avant tous, se sépare de la nature inorganique, et manifeste la Vie, bien que resté neutre entre la nature Animale et la nature Végétale, qui ne se sont pas encore différenciées ? *Le Vivant*, tel sera le vrai nom d'un tel Être, c'est-à-dire le nom qui le caractérise et le distingue méthodiquement d'avec les Êtres sans vie (58).

Et quand de cette souche première seront sorties

deux tiges divergentes, c'est-à-dire deux êtres nouveaux qui incarneront, l'un la vie végétale, l'autre la
vie animale, comment conviendra-t-il de les nommer
pour obéir à la même logique ? Ce sera évidemment
par des noms qui les différencient entre eux et de leur
auteur commun, et qui expriment leur nature distincte. L'un sera donc *le Végétal*, et l'autre *l'Animal*.

Ne poussons pas plus loin pour le moment cette
énumération. Ces premières indications nous suffi-
sent pour constater que le nom du commun ancêtre,
s'il est bien choisi, peut rationnellement servir de
nom général, de nom univoque, à toute sa descendance. En effet toute la descendance phylogénique
du Vivant primordial, autant d'un côté que de l'autre, sera entièrement composée de Vivants. Et pareillement des deux souches subséquentes ou secondaires : *le Végétal* sera à la fois le nom propre du
premier ancêtre végétal des Végétaux, et leur nom
général ; *l'Animal* sera en même temps le nom propre
du premier ancêtre animal des Animaux, et leur
nom général.

107. Ici une première difficulté se présente qui doit
nous arrêter. Pour que le nom de la souche phylogénique puisse s'appliquer comme nom univoque à
toute la race, il est une condition préalable à remplir
de toute nécessité : c'est que le nom soit tiré d'un
caractère essentiel nécessairement transmissible à
l'universalité de ces descendants.

Par exemple, si au lieu d'appeler le grand ancêtre
des deux règnes végétal et animal *le Vivant*, on l'avait

simplement nommé *le Protiste* (Hæckel), il est clair qu'un tel nom ne pourrait être valable comme nom général des végétaux et des animaux, puisqu'on ne saurait pouvoir dire d'eux qu'ils sont des Protistes, tandis qu'il est rigoureusement exact de dire qu'ils sont des Vivants.

Et encore, si au lieu d'appeler le premier né du règne végétal *le Végétal*, nous l'avions nommé, avec Hæckel, *le Monère végétal,* une telle dénomination, évidemment, ne saurait faire fonction de nom général des Végétaux, n'étant justement applicable qu'au seul père de ces derniers. Et nous en dirons autant, avec même raison, du nom de *Monère animal*, pour ce qui concerne les Animaux.

Après ce qui précède, on comprend sans peine combien serait avancée la solution du problème des classifications naturelles si on réussissait à trouver pour chaque souche généalogique un nom propre tel qu'il pût en même temps servir de nom commun à toute sa ramification. Mais ce *desideratum* rencontre plus d'un sérieux obstacle, le suivant entre autres.

Le nom *Animal,* nom propre du premier Animal, s'étendra sans doute, comme nom commun, à toutes ses générations phylogéniques successives ; mais à une condition cependant, c'est que de cette évolution ne sorte pas par aventure un produit non animal, une plante, par exemple. *Vertébré,* donné comme nom propre à la souche des Vertébrés, pourra se dire de tous les descendants possibles de cette souche, toutefois encore sous cette expresse réserve que l'évolution de ce type n'amènera pas à un certain moment des Invertébrés. Egalement, le nom de *Mammifère*

affecté comme dénomination propre au premier des
Mammifères, sera applicable à toute sa lignée, quelque prolongée et quelque ramifiée qu'elle soit ; toutefois, moyennant que, à une certaine étape de cette
évolution phylogénique, des êtres non porteurs de
mamelles n'apparaissent pas tout à coup.

Or de tels cas sont à prévoir, car maint exemple
nous y autorise. Ainsi l'auteur des Reptiles étant
appelé *Reptile*, il ne sera pas vrai que ce nom appar-
tienne à toute sa descendance, puisque, dans lecours
de l'évolution de ce type, le caractère reptilien s'est
perdu à un moment donné pour faire place à un autre, le caractère avien. Il ne sera pas vrai non plus
que, *l'Invertébré* étant le nom particulier du premier
des Invertébrés, ce nom doive être hérité indéfiniment
par sa postérité, vu qu'à une certaine période de son
évolution l'Invertébré se change en Vertébré.

Notons à ce propos que la « régression » et l'« aber-
rance » des types, le parallélisme et la convergence
des séries hétérogènes, sont des faits reconnus de la
phylogénie avec lesquels le naturaliste classificateur
a à compter, et qui sont loin de faciliter sa tâche.

Et maintenant, fût-on parvenu à constituer l'heureuse nomenclature remplissant entièrement la condition sus-indiquée, je dis que l'identification des
deux systèmes taxinomiques de Généalogie et de
Généralité ne serait pas pour autant un fait accompli.
Un autre gros empêchement s'y oppose, qui mérite
une attention spéciale.

* *

108. Il faut se demander quels sont, dans le système

généalogique, les objets concrets d'une telle classification, et quels ils sont, d'autre part, dans le système
de généralité qui lui correspond.

Nous le savons déjà (55), dans un système généalogique tous les termes qui entrent dans sa construction font partie des objets à classer. Et d'un autre
côté nous savons que, dans un système de généralité,
les objets à classer sont tous relégués à la base, tant
dis que les termes formant la superstructure sont
tous, non point de vrais objets, mais des noms généraux de différents degrés d'extension s'appliquant
aux véritables objets et servant à les classer.

Dès lors si nous nous proposons de classer par
ordre de Généralité les objets constituant un système
Généalogique donné, nous manquerons le but en co-
piant purement et simplement ce dernier. En effet le
système de Généralité supprimera, en tant qu'objets,
tous les termes qui forment le corps du système de
Généalogie, et y substituera de purs noms, les noms
généraux des seuls objets formant la dernière série
horizontale du système ; de telle sorte que ce ne seront pas *tous* les membres de la généalogie qui se
trouveront classés dans la classification métaphysique, mais seulement ceux de la dernière génération.

Continuons à nous aider d'exemples, et prenons-
les toujours aussi simples et aussi familiers que possible. J'emprunte le suivant à la linguistique.

L'aryaque.

Le germanique.		Le slave.	
L'allemand.	Le hollandais.	Le polonais.	Le russe.

Dans le système de généalogie linguistique ci-dessus, l'*aryaque* (langue présumée, qui ne nous est

connue que par sa descendance) est l'auteur commun de toute la race. Il engendre immédiatement, d'un côté, le *germanique*, de l'autre, le *slave*. Le premier des deux engendre à son tour l'*allemand* et le *hollandais* ; le second engendre le *polonais* et le *russe*.

Tous les termes de cette généalogie, les ascendants comme les descendants, sont, ou sont censés être, des langues concrètes, des langues individuelles, à égal titre, absolument comme dans une généalogie humaine les ancêtres sont comptés comme autant de personnes réelles, ayant réellement vécu, et non comme des fictions logiques, de même que leur postérité la plus récente.

Cependant ce tableau, sans y rien changer, est en même temps un système de généralité. En effet, l'allemand et le hollandais sont *germaniques* ; le polonais et le russe sont *slaves* ; et le germanique et le slave sont *aryaques* ; de telle façon que le terme *aryaque* est univoque à la totalité des autres termes, que *germanique* est univoque à *allemand* et à *hollandais*, et *slave* univoque à *russe* et à *polonais*. Aussi les quatre termes de la dernière ligne horizontale représentent-ils seuls, dans ce système de *généralité*, des objets concrets, réels, les autres ne représentant plus que des objets abstraits, idéaux ; et par conséquent ils sont les seuls qui constituent l'objet final de la classification. Les autres ne figurent qu'à titre de comparses, pour ainsi dire.

Donc la classification par ordre généalogique est apte à devenir, sans subir pour cela aucune altération ni dans sa construction ni dans sa terminologie, une classification par ordre de généralité. Mais alors les

termes de la série de base continuent seuls à exprimer
des objets réels, tandis que tous les autres ne désignent plus que des objets abstraits, de purs concepts;
et de là cette ruineuse conséquence que les objets réels
figurés par ces mêmes termes dans la classification
généalogique se trouvent exclus de la classification
de généralité, ce qui était à démontrer.

**

109. Nous venons de voir que le nom logique, le nom
naturel, qui est idoine à chaque souche phylogénique,
est aussi celui qui peut servir d'appellation générique
à toute sa ramification. Néanmoins une remarque est
à faire, c'est que la souche phylogénique étant un
membre de la généalogie aussi distinct, aussi réel,
aussi personnel que l'est chacun de ses rejetons, elle
a droit comme eux à être désignée par un nom propre. Or comment un nom univoque à tout un groupe
pourrait-il remplir cette condition ? Un tel nom peut
suffire sans doute comme nom propre de la souche
tant que celle-ci n'existe encore qu'en puissance,
c'est-à-dire à l'état de bourgeon, tant qu'elle n'a pas
émis de nouvelles pousses, tant que cette future
mère n'a pas encore procréé d'enfants. Mais il ne
saurait en être de même en présence du double emploi du même nom, c'est-à-dire comme nom propre et
comme nom commun.

Prenons des exemples :

Aussi longtemps que le Vivant se trouve seul *sui
generis*, aussi longtemps qu'il n'a pas procréé d'autres
Vivants de types différenciés, soit le Végétal et l'Animal, ce nom de *Vivant* n'est pas général, puisqu'il

ne se peut dire que d'un seul objet. Mais du moment
où il devient univoque à plusieurs objets, du moment
où il s'étend à la fois au Végétal, à l'Animal, et au Vivant primitif, il ne saurait plus servir de nom propre
à ce dernier, à moins toutefois d'être affecté d'un indice distinctif.

Cet indice, dans une nomenclature méthodique,
pourra être, je suppose, le préfixe grec *proto*, que déjà
du reste on emploie volontiers à un tel usage. Ainsi,
lorsque le substantif *Vivant* désignera, en tant qu'espèce, l'espèce souche qui a donné naissance à tous les
Vivants, nous y joindrons *proto*, et nous dirons le
Proto-Vivant. Et nous dirons pareillement le *Proto-
Végétal*, et le *Proto-Animal*, pour distinguer du *règne* l'*espèce* dont il est issu. De même encore, quand
nous dirons l'*aryaque* ou l'*indo-européen*, cette appellation pourra être employée, soit pour désigner d'une
manière générale le sanscrit, le zend, le grec, le latin,
le slave, le gothique, le celtique, soit pour désigner
d'une manière particulière et exclusive la langue primitive qui fut, pense-t-on, la souche commune de toutes ces langues dérivées. Mais dans ce dernier emploi
le mot *aryaque* ou *indo-européen* seul ne suffira pas,
il faudra dire le *proto-aryaque* ou le *proto-indo-
européen* [1].

---

1. Une objection à prévoir, c'est que le préfixe *proto*, au lieu de servir à distinguer les formes mères des formes filles, pourra suggérer l'idée
d'un représentant archaïque de la forme mère. Ainsi, par exemple, par
proto-latin on entendra difficilement le latin proprement dit, le latin classique, en tant que langue mère de l'italien, du provençal, du français, de
l'espagnol, du portugais. Une telle appellation évoquera plutôt l'idée du
langage parlé par les premiers Romains avant la constitution de la langue de Virgile ou de Lucrèce. L'objection se présente avec non moins de
force s'il s'agit du même préfixe employé dans la nomenclature zoologique

110. Ces dernières considérations font surgir une question incidente qui est fort intéressante, et à plusieurs titres. Elle n'a pas uniquement trait à la taxinomie, elle se rattache en outre étroitement au problème de l'origine des espèces et de leur enchaînement généalogique, tant en biologie qu'en sociologie et en linguistique. Je me borne à la signaler en passant.

Une erreur à éviter, et qu'on n'évite pas assez, consiste à conclure du nom générique d'un groupe naturel, c'est-à-dire généalogique (ou jugé tel) d'espèces, à l'existence d'une espèce mère déterminée dont celles-ci seraient issues, et à laquelle appartiendrait comme nom propre le mot servant de désignation générique à ses filles présumées.

Cette espèce mère que semble déceler le nom commun, le nom de famille, n'est pas nécessairement *actuelle*; dans beaucoup de cas elle est purement *virtuelle*. Recourons sans plus tarder à des exemples pour nous rendre intelligible.

Les langues italienne, provençale, française, castillane, portugaise, moldo-valaque, sont comprises sous l'appellation commune de langues *latines*. S'ensuit-il que ces langues latines soient sœurs, c'est-à-dire filles d'une véritable langue latine mère ayant eu une existence réelle et individuelle? Nullement; mais il se trouve que le fait est prouvé par ailleurs, directement prouvé par le témoignage de l'histoire et les monuments littéraires. De ce que les idiomes de l'ancienne Grèce dits dialectes attique, ionien, dorien, etc.,

ou botanique. Mais je me contente de signaler le côté faible de l'expédient nomenclatural proposé, en m'en tenant à celui-ci provisoirement et en attendant mieux.

étaient tous du grec, devons-nous en conclure que le grec absolu, le grec indifférencié, le grec souche, le proto-grec ait été une réalité? De ce que le russe, le polonais, le tchèque, le bulgare, le croate sont des langues slaves doit-il nécessairement en résulter que le pur slave, le proto-slave, a vécu d'une vie propre dans une certaine aire du temps et de l'espace? Non, et, les preuves positives du fait faisant défaut cette fois, nous devons suspendre notre jugement à cet égard jusqu'à plus ample informé.

En effet, on conçoit que ces rameaux grecs, ou ces rameaux slaves, au lieu qu'ils se rattachent tous à une souche commune prochaine, comme les langues latines au latin, soient les sommets d'autant de tiges très prolongées et indépendantes dont l'origine commune remonterait jusqu'à la grande souche aryaque, et qui auraient évolué parallèlement et similairement par suite du rapprochement des peuplades et d'une uniformité de milieu et de circonstances.

Nos espèces actuelles du genre *Equus* sont très voisines d'organisation; au point de vue morphologique ce sont de véritables sœurs. Et pourtant rien ne serait moins exact que d'en conclure à une parenté phylogénique du même degré. La paléontologie nous signale en effet plusieurs filiations prééquines (ou proéquines) distinctes qui toutes nous permettent de remonter pas à pas du type de notre genre *Equus* actuel jusqu'à un type fort lointain de Pentadactyles, qu'on ne saurait classer, nous ne disons pas seulement dans un même genre, mais dans un même ordre que nos Chevaux. Pourquoi dès lors le Cheval proprement dit, l'Ane, l'Hémione, le Zèbre, le Couagga,

ne seraient-ils pas, au point de vue phylogénique, au lieu de cinq espèces sœurs, filles d'un même
Protohippus relativement récent, des espèces simplement cousines à un degré assez éloigné, qui devraient
leur étroite affinité d'organisation à ce que, portées
sur cinq tiges différentes à partir d'une souche commune pentadactyle, ces tiges auraient évolué parallèlement, simultanément et uniformément ?

Et par la même raison n'est-il pas permis de mettre
en question la monogénie des types primordiaux du
règne végétal et du règne animal, dont Hæckel et son
école semblent faire la base de leur système ?

Le phénomène inverse est aussi à prévoir, et c'est
une complication de plus apportée au problème de la
classification naturelle. Il est des espèces dont l'étroite
parenté phylogénique est démontrée, qui sont relativement dépourvues de mutuelle ressemblance. Elles
sont généalogiquement sœurs, elles ont un commun
père certain ; et pourtant le nom personnel de celui-ci
ne saurait leur être affecté comme nom de genre, puisque leurs différences morphologiques assignent au
père et aux filles des genres et même des ordres parfaitement distincts. C'est un violent paradoxe que de
placer dans un même ordre de Carnassiers le Phoque
et l'Otarie à côté du Loup, du Tigre et de la Civette ; et
pourtant à l'énorme disparité morphologique qui sépare les premiers des seconds s'allie une incontesta-
ble affinité généalogique.

On voit quelle multitude d'obstacles rencontre l'unification de la classification par ordre de ressemblance
ou de généralité avec la classification par ordre généa-

logique. Et ceux que nous avons déjà signalés ne sont pas les seuls.

*
**

111. Dans les précédents paragraphes, notre attention s'est attachée aux deux points distincts que voici : premièrement, faire la preuve que Hæckel avait lamentablement échoué dans son effort pour unifier les deux classifications en essayant de superposer la première à la seconde, et n'aboutissant qu'à les jeter en travers l'une sur l'autre au lieu de les faire coïncider ; secondement, mettre en lumière les difficultés que cette entreprise d'unification rencontre dans la nature des choses même. Parmi ces dernières, nous en signalerons encore une, qui n'est pas des moins curieuses.

Passons immédiatement aux exemples.

Le Monère Primordial (Hæckel), tout en étant la souche phylogénique du Monde Vivant, n'en est pas moins une espèce. De cette espèce en sortent deux autres : le Monère Végétal et le Monère Animal.

Nous voilà par conséquent en face de trois espèces qui, généalogiquement, sont le plus proches possible ; et qui, morphologiquement, doivent aussi être très voisines, puisqu'un seul degré de différenciation les sépare, et que d'ailleurs la simplicité extrême de leur organisation ne saurait se prêter qu'à une différenciation des plus limitées. Ces trois espèces ne forment donc qu'un genre, qui comprend à lui seul trois règnes : le règne des Protistes, le règne Végétal, et le règne Animal. Conçoit-on rien de plus contradictoire, conçoit-on une antinomie plus désespérante ?

En effet ici c'est le particulier qui embrasse le général, c'est la partie qui renferme le tout.

Le Monère végétal et le Monère animal étant
deux espèces sœurs, les espèces nouvelles qui résul-
teront de la première transformation de celles-ci
seront réciproquement cousines germaines, d'une
branche à l'autre, et constitueront conséquemment
un ordre très naturel, qui se trouvera à son tour à
cheval sur les deux règnes, ayant une jambe sur l'un,
une jambe sur l'autre. Et la génération phylogénique
suivante constituera à son tour, par les mêmes raisons, un groupe de classe composé de Végétaux et
d'Animaux ; et la génération d'après nous donnera
semblablement un groupe d'embranchement également mixte ; puis finalement la subséquente réalisera
un dernier groupe qui sera un groupe de règne, lequel englobera ensemble des végétaux et des animaux, mais ne comprendra qu'une faible partie des
uns et des autres.

112. En procédant comme il vient d'être dit, le classificateur ne fait que suivre une stricte logique, et
pourtant les résultats sont absurdes. En effet, par une
voie autre, et qui paraît absolument rationnelle, nous
aboutissons justement à cette même classification
dérisoire dont Hæckel a jeté les bases dans son
Stammbaum des Menschen en divisant son arbre
généalogique de l'animalité transversalement en quatre grandes classes d'animaux.

Il est à noter ici que les langues possèdent à leur
tour une classification « morphologique », c'est-à-dire
générique, universellement adoptée, qui coupe égale-

ment en travers leur classification « généalogique ».
On les divise morphologiquement en langues mono-
syllabiques, langues à agglutination et langues à
flexion. Et d'un autre côté les linguistes sont d'accord pour professer que les langues à flexion sont le
dernier stade d'une évolution qui a commencé par le
monosyllabisme, et dont le stade moyen est le type
agglutinatif.

Ainsi toute langue agglutinative a une langue monosyllabique pour mère, et toute langue à flexion est
fille d'une langue agglutinative et petite-fille d'une
langue monosyllabique. La classification morphologique brise donc les connexions de filiation phylogénique en réunissant ou séparant les langues d'après la
seule considération de leur identité ou de leur différence de grade évolutionnel, sans tenir compte de
leur identité ou de leur différence d'origine.

Aux évolutionnistes trop confiants j'ai voulu montrer les difficultés inaperçues du problème de la classification naturelle des Êtres. Si j'y ai réussi, ne serait-ce qu'en partie, ce résultat doit me suffire. Quant
à venir à bout de ce nœud gordien, c'est autre chose ;
je me sens inhabile à le défaire, et pour ne pas m'a-
vouer vaincu je n'essaierai pas de le trancher.

Toutefois, encore un mot :

La classification généalogique est la seule « naturelle » ; les classifications par ordre de ressemblance,
autrement dit de généralité, sont toutes « artificielles », c'est-à-dire basées sur certains caractères arbitrairement choisis. La classification rêvée, qui por-
terait sur la totalité des caractères, m'apparaît comme
une vraie chimère.

113. En finissant, faisons observer que ce ne sont pas les seuls organismes, soit en botanique, soit en zoologie, soit en sociologie, soit en linguistique, qui sont susceptibles de considérations phylogéniques, mais qu'il en est encore ainsi des organes et des éléments eux-mêmes. En linguistique le fait est frappant : chaque mot, chaque syllabe, chaque lettre a son histoire phylogénique propre, non moins que la langue prise en bloc.

XII

LA TAXINOMIE DANS LES SCIENCES

114. Comment chaque science classe-t-elle et doit-elle classer ses matières ? Comment la philosophie entend-elle et doit-elle entendre le classement des sciences ?

Je n'entreprendrai pas ici de répondre *ex professo* à ces deux maîtresses questions ; je veux simplement en prendre texte pour présenter quelques nouvelles réflexions critiques touchant certains essais notables de taxinomie appliquée. Le but de cet écrit n'est pas de fournir toutes faites, aux diverses sciences et à la philosophie, les classifications concrètes qui leur incombent, c'est seulement de signaler aux classificateurs les difficultés de leur tâche et de les aider de notre mieux à les surmonter.

⁑

115. Dans les sciences d'observation, les maîtres qui ne se sont pas fait gloire de ne point penser ont cédé au besoin instinctif de mettre de l'ordre dans les objets de leur spécialité et d'en diviser l'étude suivant un programme rationnel. Mais, demeurés étrangers aux spéculations de la taxinomie pure, et souvent même aux rudiments de la logique, c'est sans méthode

qu'ils ont procédé à la confection de leur méthode, et il n'est sorti de là qu'une œuvre informe. L'énorme lapsus du grand Bichat dans sa classification anatomique n'est qu'un exemple particulièrement saillant parmi une foule d'autres, qui tous proclament avec plus ou moins de force l'inexpérience ingénue de nos savants en tant que classificateurs.

Les classifications en physiologie et en médecine sont particulièrement à citer sous ce rapport, et cela d'autant mieux que les stricts professionnels en partagent la responsabilité avec certains confrères illustres qui se sont honorés du titre de philosophes non moins que de celui de physiologistes et de médecins. Il s'agit ici surtout, on le devine peut-être, des deux célèbres auteurs du *Dictionnaire de médecine, de chirurgie, et des sciences accessoires*, Littré et Charles Robin, qui plus que personne ont contribué à donner l'empreinte positiviste à la biologie contemporaine dans ses diverses branches. Pour juger à quel point ces deux hommes étaient mal préparés pour leur rôle de taxinomes en dépit de leurs prétentions philosophiques, il suffira de considérer sans parti pris leur énumération des fonctions physiologiques (voir leur *Dictionnaire*, article FONCTION). Ils en fixent le nombre sacramentellement à quatorze, et les dénombrent comme il suit, chacune étant soigneusement munie de son numéro d'ordre :

1° *Digestion* ; 2° *Urination* ; 3° *Respiration* ; 4° *Circulation* ; 5° *Fonction Testiculaire* ; 6° *Fonction Ovulaire* ; 7° *Fonction Tactile* ; 8° *Vision* ; 9° *Audition* ; 10° *Odoration*; 11° *Gustation* ; 12° *Phonation* ; 13° *Locomotion* ; 14° *Action Cérébrale*.

Il n'y a là classification d'aucune sorte, il n'y a qu'une simple série de coordination qui, comme telle, ne devrait compter que des unités de même rang, et qui manque à cette règle de logique comme à plaisir. Voici — s'il m'est permis de me citer — ce que j'écrivais à ce sujet dans un mémoire intitulé *Histologie et Organologie*, dont en 1867 je donnais lecture à l'Académie de médecine, et qui se trouve reproduit dans ma brochure portant pour titre *La Philosophie physiologique et médicale à l'Académie de médecine* :

« La moins imparfaite de toutes les classifications des fonctions que nous possédons est sans doute celle que nous ont donnée les auteurs du célèbre Dictionnaire que je mentionnais tout à l'heure ; et cependant cette classification viole les lois les plus élémentaires de la méthode. Il y a, dit-on, en tout, *quatorze* fonctions, et on les énumère comme il suit [vient ici la liste reproduite ci-dessus].

»Tout d'abord il est évident qu'une telle division est disparate ; peut-on en effet mettre sur la même ligne comme des unités de même ordre la *Digestion*, qui embrasse une multitude de sous-fonctions elles-mêmes plus ou moins complexes (telles que la *préhension*, la *mastication*, l'*insalivation*, la *déglutition*, la *chymification*, la *chylification*, etc. etc.), et l'*Urination*, simple sécrétion excrémentielle, mise en outre, pour comble d'incohérence, sur le même pied que l' « Action Cérébrale » ? Et d'ailleurs, comment ce nombre de *quatorze* aurait-il une valeur déterminative alors que le rang de ses unités reste indéterminé et divers ? Ne pourrions-nous pas tout aussi exactement, plus exactement, affirmer qu'il y a *trois* fonctions, en les ramenant toutes à trois grands groupes naturels qui seraient la *fonction de Relation*, la *fonction de Nutrition*, la *fonction de Reproduction*? Que penserions-nous d'un traité de botanique qui nous dirait : Il existe en tout *quatorze plantes*; ce sont : le *Chêne*, l'*Acotylédone*, la *Menthe poivrée*, l'*Ombellifère*, la *Conifère*, la *Rose de Provins*, etc. ? Ce pêle-mêle de genres, de classes, d'espèces, de familles, d'ordres, de variétés, serait déclaré monstrueux; nous sommes moins sévères à l'égard des classifications physiologiques, qui ne valent pourtant pas mieux. »

116. La physiologie taxinomique a sur sa route un grand écueil que jusqu'ici elle n'a pas su éviter. Pour classer intelligemment fonctions et organes, il saute aux yeux qu'il faut au préalable savoir à peu près au juste ce qu'on doit entendre par ces deux mots. Or, cela, les physiologistes l'ignorent jusqu'à présent, et ils ne se sont jamais mis en peine de l'apprendre. La théorie de la Fonction et de l'Organe est entièrement à faire, ou plutôt elle est faite, et ce depuis plus de quarante ans ; mais les gens de la spécialité, tout à l'expérimentalisme et à l'empirisme, n'ont eu des oreilles que pour ne pas entendre. *Aures habent et non audient.* A des savants qui ne veulent que « des faits, rien que des faits, sans mélange de raisonnement », on est nécessairement mal venu à parler de définitions, de méthode, de conceptions nouvelles. Ils se détournent, car ils professent une sainte horreur pour la « métaphysique », dans laquelle ils comprennent, s'il vous plaît, la logique. Il n'en est pas

moins vrai — j'en appelle à un avenir plus clairvoyant
et plus juste — que la théorie de l'Organe et de la
Fonction, exposée dès 1855 dans mon *Electrodynamisme vital*, en 1866 dans mes *Essais de Physiologie
philosophique*, et en 1868 dans la brochure citée ci-
dessus, a donné la clef du problème de la taxinomie
physiologique, et qu'il ne reste plus qu'à s'en servir.

.*.

117. La Physiologie restant en plein chaos taxinomique, comment la Médecine aurait-elle réussi à se
donner des classifications rationnelles ? D'ailleurs
les médecins ont procédé aussi peu logiquement que
les physiologistes. C'est ainsi qu'ils ont entrepris de
classer *les* Maladies avant d'avoir défini *la* Maladie.
Qu'on me permette encore une autocitation. Ce qui
suit est extrait du chapitre de mon livre *Ontologie
et Psychologie physiologique*[1], qui a pour titre : *La
Métaphysique dans les Sciences* :

« Est-il donc si malaisé d'apercevoir l'entrave
contre laquelle se débattent en ce moment toutes nos
sciences d'observation dans leur impatient désir de
s'élancer et de prendre leur vol ? Ne voit-on pas que
cet obstacle, contre lequel s'épuisent les plus énergi-
ques efforts, c'est l'obscurité des termes qui sont à la
base de tout langage scientifique, c'est-à-dire l'incohérence et l'incertitude des notions fondamentales de
la science? Dernièrement, les éminents pathologistes
de notre Académie de médecine se battaient les flancs

____

1. Un vol. in-18, Paris 1870.

en vain pour tirer au clair la question de savoir si
un certain état convulsif produit expérimentalement
sur des animaux méritait ou ne méritait pas la dénomination d'épilepsie. Ces savants ne se doutaient pas
à quel point ils perdaient leur temps et leur peine ;
ils ne se doutaient pas qu'ils étaient engagés dans
une impasse, que leur controverse était sans issue.
Alors je me permis de leur faire remarquer qu'avant
de chercher à déterminer si tel ou tel état morbide
est ou n'est pas épileptique, il serait à propos de
s'entendre au préalable sur le sens du mot *épilepsie*,
d'en arrêter exactement la définition, chose qui restait pleinement à faire ; car ce débat avait mis en
évidence que ce même terme avait une signification
particulière pour chacun de ceux qui l'employaient,
tot capita, tot sensus ; c'est-à-dire que chacun avait
son épilepsie à soi, qui n'était point du tout l'épilepsie
de ses confrères. Je saisis encore cette occasion pour
exposer que le grand terme pathologique lui-même,
le mot *maladie*, est également plongé dans le vague le
plus nébuleux, et que partant la Pathologie, c'était
bien le cas de le dire, *ne sait pas le premier mot de
ce qu'elle enseigne*[1]. Et si cette science est si arriérée,
si les discussions qui s'efforcent de l'éclairer ne font
qu'ajouter à ses ténèbres, bien aveugle qui ne le voit
pas : la cause en est dans l'état d'indétermination où
elle laisse croupir ses notions premières.

» J'avais écrit dans le temps[2] que la Physiolo-

1. Je faisais là allusion à une note que je fis paraître dans la *Gazette
médicale de Paris* du 16 janvier 1869, et qui se trouve reproduite dans
le volume auquel j'emprunte la présente citation.

2. Voir mes *Essais de Physiologie philosophique*, 1 vol. in-8°,
Paris 1866. Librairie Félix Alcan.

gie était encore dans sa période barbare, et cette appréciation n'avait éveillé que des sourires. Aujourd'hui le même jugement est porté par le plus autorisé représentant de la physiologie expérimentale : « En » Physiologie, dit M. Claude Bernard, nous en som- » mes aujourd'hui où en était l'alchimie avant la fon- » dation de la chimie. » (*Rapport sur la Physiologie Générale en France*, n° 206, p. 219.) Que maintenant M. Claude Bernard interroge les infirmités de sa science, et il reconnaîtra que le mal dont il se plaint est le même que celui dont la pathologie souffre si profondément ; il le reconnaîtra dans l'ignorance, l'ignorance crasse des physiologistes sur la signification des termes les plus essentiels et les plus usuels de leur langage. Le progrès de la science des maladies est enrayé par le défaut d'une notion précise de *la maladie* ; et à son tour si la science des organes et des fonctions n'est encore, suivant l'expression du savant maître, qu'une alchimie physiologique, c'est parce qu'elle ignore, a omis jusqu'à présent de se demander, et a dédaigné d'apprendre, ce qu'on doit entendre au juste par ces mots d'*organe* et de *fonction*.

» Et les obstacles cachés qui gênent la marche de l'Histoire naturelle et retardent sa constitution définitive, que sont-ils ? C'est toujours la même cause, le même vice fondamental. Ecoutez plutôt cette plainte d'un des premiers naturalistes de l'époque :

« Dans les systèmes de zoologie et de botanique », dit M. Agassiz, « l'emploi des termes *embranche- » ments, classes, ordres, familles, genres, espèces*, est » tellement universel qu'on devrait en supposer le

» sens et la portée bien déterminés et généralement
» compris de la même manière. Il s'en faut pourtant
» de beaucoup qu'il en soit ainsi. Tout au contraire,
» il n'y a pas à vrai dire en Histoire naturelle de
» sujet à l'égard duquel l'incertitude soit plus grande
» et le défaut de précision plus absolu. Je n'ai pu
» trouver nulle part une définition nette du caractère
» même des divisions les plus compréhensives. Quant
» aux opinions ayant cours sur les genres et les es-
» pèces, elles sont tout à fait contradictoires. » (*Re-*
vue des cours scientifiques du 6 février 1869, p. 146.)

118. Dans la discussion académique à laquelle il est
fait allusion ci-dessus, Brown-Séquard soutenait
qu'il rendait ses cobayes épileptiques en les blessant
sur un certain point de la moelle. Chauffard, qui
était un moindre expérimentateur, mais en revanche
plus médecin et plus philosophe, lui répondait : « Non,
vous ne déterminez pas l'épilepsie ; tout ce que vous
déterminez, c'est un état convulsif épileptiforme.
L'épilepsie est une *entité morbide* susceptible de revêtir des formes symptomatiques diverses, mais qui
n'est liée nécessairement à aucune d'elles ; l'unité de
cette entité morbide spécifique est dans l'identité de
son étiologie et de sa loi d'évolution. »

Gubler se joignit à Chauffard contre Brown-Séquard, mais non sans différer d'avis avec lui par ailleurs très notablement. Au point de vue de l'observation pathologique on était d'accord, cet accord cessait
au point de vue des conséquences théoriques. Pour
Chauffard, l'épilepsie était une certaine entité mor-

bide à manifestations symptomatiques variables, et qui pouvait même exister sans convulsions ; pour Gubler, était épilepsie tout état morbide intime, toute « entité morbide », comme s'exprimait Chauffard, s'accompagnant de l'accès convulsif dit épileptique ou grand mal, quelle que soit d'ailleurs la *lésion primitive* — affection morale, infection diathésique ou autre, irritation vermineuse, compression par des tubercules, lésions traumatiques, etc. — qui constitue cette entité morbide.

C'était la confusion des langues, une vraie Babel. Et toutefois un groupe spécial et habituel de symptômes morbides, le *syndrome,* est un fait pathologique à considérer en soi, à distinguer et à dénommer, abstraction faite des causes quelconques qui peuvent le produire. Et en même temps aussi, et même à plus forte raison, mérite d'être considéré à part, en soi, et en dehors de ses effets possibles et observables, ce vice caché, ce principe permanent de maladie, qui peut se traduire par différents syndromes, et qui peut même ne se trahir par aucun symptôme, et exister à l'état latent, *larvé*, jusqu'à ce qu'une circonstance déterminante éventuelle vienne révéler sa présence cachée, le faisant passer de l'état potentiel à l'état actuel.

La bactériologie est venue apporter à la conception étiologique de l'entité morbide une confirmation et en même temps une précision et une consistance qui lui faisaient défaut jusque-là. Néanmoins cette vue de l'esprit n'a pas été remplacée par le fait matériel du microbe, qui la vérifie ; elle subsiste avec lui quand même, et au-dessus de lui, car le bactérisme ne peut expliquer l'hérédité morbide, dans laquelle il ne saurait être qu'un effet. Il peut expliquer bien moins encore l'hérédité à forme alternante, dont j'ai présenté une curieuse collection d'exemples dans mon mémoire sur *l'Hérédité dans l'épilepsie*[1], où se trouve retracée d'après nature l'histoire pathologique de quelques familles que l'auteur avait pu observer de près et suivre dans le cours de plusieurs générations. Le bactérisme ne vient donc pas supplanter la vieille entité morbide, il s'ajoute à elle tout en nous faisant connaître la partie principale de son processus morbifique, mais en laissant intact le mystère de sa transmission par voie de génération et celui de son métamorphisme entrecoupé de périodes indemnes.

Ainsi tout en éclairant de la façon la plus heureuse l'étiologie pathologique, la bactériologie ne résout pas, mais vient au contraire compliquer la difficulté déjà si complexe de la définition de la maladie, et conséquemment celle de la classification des maladies. Et maintenant, à cette complication déjà si multiple il faut ajouter en plus un nouvel élément, celui qui résulte de ce que j'ai appelé la loi de *l'Equivalence pathogénique des quatre facteurs fonctionnels*, c'est-à-dire de ce que la même fonction peut être troublée indifféremment, et sous les mêmes formes symptomatiques, par l'une ou l'autre des quatre lésions suivantes : celle de l'agent physiologique extra-corporel, celle de l'organe différentiateur, celle de l'organe nerveux, et enfin celle de l'agent psychique[2].

---

1. Une broch. in-8°, Paris 1868.
2. Voir *Electrodynamisme vital*; *Essais de Physiologie philosophique*; etc.

Ce que nous appellerons *maladie*, est-ce le trouble apparent survenu dans l'économie, c'est-à-dire le syndrome ? Est-ce la lésion locale originelle portant sur tel ou tel facteur fonctionnel de la fonction troublée ? Est-ce le microbe, agent possible du trouble morbide ? Est-ce la diathèse ou entité morbide constitutionnelle par laquelle le microbe spécifique lui-même est suscité quand elle est congénitale ?

Toutes les appellations sont permises, dit Pascal, mais à une condition, c'est que l'on se mettra d'accord sur la valeur conventionnelle des mots, c'est que le même mot ne dira pas blanc pour moi et noir pour vous. La taxinomie médicale doit dès lors préluder à l'accomplissement de sa tâche en tirant au clair le sens, jusqu'à présent si équivoque, du mot *maladie*, en définissant ce mot rigoureusement.

Que de purs littérateurs s'expriment à tort et à travers sur un sujet scientifique, rien de plus naturel, on n'attend pas mieux de leur part ; mais que les professionnels de la science eux-mêmes parlent des choses de leur spécialité en un langage tout aussi imprécis, tout aussi inexact, tout aussi incongru, c'est désespérant. Depuis que Charcot a fait admettre dans la science académique l'hypnotisme, et à sa suite plusieurs autres *ismes ejusdem farinæ*, on entend les médecins faire des énumérations comme celle-ci : Hypnotisme, Magnétisme, Somnambulisme, Suggestion, Hypnose, Clairvoyance, Télépathie, etc. C'est là une série absurde où se suivent au hasard comme unités de même espèce, et certains agents hypothétiques, et les procédés destinés à les mettre en œuvre, et enfin les phénomènes physiologiques ou psychiques qui seraient déterminés au moyen de ces procédés et de ces agents.

Etant données ces habitudes d'esprit si relâchées au point de vue de la méthode que nous rencontrons dans le monde médical, il n'est guère permis de compter sur lui pour une constitution vraiment scientifique des classifications de son ressort.

119. A leur tour, la Minéralogie et la Chimie se sont proposé la classification des corps bruts ; et ici, de même qu'en botanique et en zoologie, en anatomie, en physiologie et en nosologie, la multiplicité des systèmes rivaux a prouvé à la fois l'intérêt et les difficultés de la question taxinomique.

Envisagés au point de vue de la ressemblance et de la différence, autrement dit au point de vue de l'ordre générique, les corps bruts ont été classés sous le rapport arbitrairement choisi de telles ou telles propriétés présentes chez les uns, absentes chez les autres, ou sous celui d'une même propriété commune à tous, mais dont l'intensité est variable, et peut servir par là à les différencier. Certes si les corps se ressemblaient et différaient entre eux sous le rapport de toutes leurs propriétés, ou du moins du plus grand nombre, comme ils se ressemblent et diffèrent sous le rapport d'une seule propriété donnée, le suprême *desideratum* de la classification « naturelle » serait atteint. Mais telle n'est point la nature des choses, et alors il faut se résigner, ici comme partout ailleurs, à n'avoir, en tant qu'ordre Générique, que des classifications « artificielles ». Mais chez les corps bruts, de même que chez les corps organisés, que considère la physiologie, l'ordre de Composition peut fournir la base d'une classification vraiment naturelle, et j'ajouterai que la charpente en existe déjà dans l'atomisme moderne joint à la nomenclature chimique de Guyton de Morveau, Lavoisier et leurs associés, qui a fait plus pour les progrès de la chimie qu'aucune découverte de laboratoire.

Cette immense révolution méthodologique, qui a arraché la chimie à l'affreux chaos de sa vieille langue empirique et alchimique, aura un jour son pendant dans la physiologie, lorsque la réforme ébauchée par Bichat aura été reprise en sous-œuvre, rectifiée et parachevée.

C'est le lieu de rappeler que, tandis que l'anatomie et la physiologie d'une part, la chimie de l'autre, rencontrent dans l'ordre Collectif une base naturelle de classification, c'est dans l'ordre de Généalogie que la botanique et la zoologie la trouvent à leur tour.

.·.

120. Si les diverses branches de la Biologie sont tellement loin d'avoir constitué scientifiquement leur taxinomie que jusqu'à présent elles se montrent incapables de définir et de déterminer les objets qu'elles ont à classer, la Psychologie ne saurait se flatter d'être plus avancée. Si les psychologues spéculatifs et métaphysiciens n'ont pas pu résoudre le problème de la classification des facultés de l'âme, ils ont du moins le mérite de l'avoir posé ; l'école expérimentaliste et positiviste qui est venue les déposséder, l'a tout bonnement rayé du programme psychologique.

Je conviens que cette jeune école — plus scientiphique que philosophique — a élargi considérablement le champ de la psychologie sur un côté pendant qu'elle le rétrécissait sur un autre ; mais je ne puis pas lui pardonner d'avoir posé en principe qu'il n'y a pas de *facultés* mentales, qu'il n'y a que des *phénomènes* mentaux à considérer.

Il est fort heureux pour les cinq sens que leur entité soit mise hors de conteste par l'affectation à chacun d'eux de tout un appareil corporel bien visible, palpable, et plus ou moins compliqué, à lui propre, composé d'un organe récepteur des impressions, d'un agent spécial, lequel lui est également propre — exemples : la lumière pour la vue, le son pour l'ouïe —, d'un organe nerveux pour la transmission de ces impressions, et enfin d'un point du cerveau et du sensorium où se consomme l'acte subjectif de la sensation spéciale. Si leur existence distincte et leur indéfectible identité n'étaient point assises sur des témoignages anatomiques et physiologiques aussi irrécusables nos néo-psychologues n'eussent pas manqué de supprimer les sens d'un trait de plume, tout comme ils ont supprimé les facultés intellectuelles et morales, et de prononcer que seuls les phénomènes sensoriels ont une existence réelle dans l'ordre de la sensation.

Cependant les facultés mentales existent, et si pour attester aux yeux leur individualité respective elles ne possèdent pas des organes externes nettement définis et ostensibles, comme sont l'œil et l'oreille, l'observation physiologique n'en est pas moins concluante en leur faveur. En effet, toute affection de l'âme bien caractérisée a son retentissement sympathique localisé, soit dans un groupe du système mus-

culaire de la vie de relation, soit en une certaine
partie du système vasculaire, soit en un certain lieu
viscéral, d'où il faut nécessairement conclure que
cette affection de l'âme correspond à un point déterminé du cerveau en rapport par un conducteur nerveux spécial avec le point périphérique spécial qui
subit son influence. L'émotion d'orgueil détermine la
contraction des muscles redresseurs de la tête et du
dos ; l'émotion érotique a sa réaction dans les organes sexuels ; l'émotion de honte, dans le réseau ca-
pillaire de la face ; etc.

Les facultés mentales ont donc, de même que les
sens, leurs organes propres ; et par conséquent on
doit pouvoir les distinguer et les identifier au moyen
de ces derniers ; et la classification psychologique
naturelle peut dès lors devenir une réalité. Cette entreprise a été conçue par Gall ; qu'il n'ait pas réussi
à la mener à bonne fin, admettons-le par hypothèse.
Mais son point de départ, le principe de la localisa-
tion, à la fois centrale et périphérique, des facultés de
l'âme, est une vérité qui a la solidité du roc, et c'est
sur ce roc indestructible que la vraie classification
psychologique de l'avenir sera construite.

XIII

LA CLASSIFICATION DES SCIENCES.

121. Pour ne pas sortir du cadre modeste que me
trace le titre de ce travail, je dois m'imposer une rigoureuse brièveté sur le chapitre de la Classification des
Sciences ; car le sujet est vaste et entraînant, et pour
peu que l'auteur se laissât aller aux développements,
c'est un ouvrage en plusieurs tomes, et non un simple
mémoire, qu'il aurait à écrire.

Il semble naturel d'admettre que la classification
des sciences doive être calquée sur le plan de la
classification des objets de connaissance qui sont leur
matière. Mais, ce point de départ provisoirement convenu, bien que sujet à contestation, que de questions
redoutables vont nous arrêter dès nos premiers pas !
Et d'abord que faut-il entendre au juste par objets
de connaissance ? Les logiciens les distinguent en
Sujets et Attributs, qu'ils partagent, les premiers, en
Sentiments et en Substances ; les seconds, en Qualité,
Quantité et Relation. Ils subdivisent ensuite chacune de ces divisions. Mais nous ne les suivrons pas
plus loin dans cette analyse pour ne pas être entraînés
au delà des limites qui nous sont imposées par le plan
de ces *Aperçus*, et nous admettrons provis oirement
ces principes classiques.

Les objets de la science étant déterminés par hypothèse (dans la circonstance le mot *objet* servira de nom commun pour le sujet et l'attribut), il reste à les classer, et, préalablement, à déterminer l'ordre taxinomique dont ils relèvent respectivement, car nous avons appris qu'il y au moins quatre grands Ordres taxinomiques à distinguer.

Nous constaterons avant d'aller plus loin que cette distinction essentielle a été entièrement méconnue par les Mathésiotaxistes, y compris les plus éminents.

Ils semblent n'avoir eu en vue que l'ordre de Généralité au sens générique, c'est-à-dire qui se fonde sur le rapport de ressemblance et de dissemblance. Et de plus, comme, ainsi que nous en avons fait la remarque ailleurs, pour classer d'après la ressemblance et la différence, il faut faire le choix facultatif de telle ou telle catégorie de caractères qui devienne une base fixe de comparaison entre les choses à classer, il est arrivé, comme il était à prévoir, que les classificateurs ont varié entre eux dans le choix de cet étalon.

Dans les plus notables essais de classification des Sciences, et particulièrement dans le système d'Auguste Comte et ceux des logiciens anglais qui se sont plus ou moins inspirés de lui, la base choisie a été le degré d'*abstraction* et de *généralité* des diverses sciences.

Maintenant, qu'est-ce que l'Abstraction et la Généralité ? Sur ce point fondamental, les docteurs se trouvent être dans le plus parfait désaccord. Une citation de Stuart Mill (11) nous a appris ou rappelé que, pour lui, Locke et Condillac font la dernière violence au vrai sens des mots *général* et *abstrait* en les interprétant comme ils l'ont fait. De son côté, Herbert Spencer (*Classification des sciences*, traduct. française, 6° édit., p. 6-7) déclare que, sur cette même question, Auguste Comte et lui sont aux antipodes l'un de l'autre. Et nous avons vu Littré également s'escrimer de toutes ses forces contre le même Spencer pour défendre les idées de son maître et les siennes propres sur le même sujet. Spencer appuie ainsi sur cette divergence entre lui et les positivistes français : « Comte, dit-il, divise la science en abstraite et en concrète ; mais les divisions qu'il établit par ces mots *sont du tout au tout différentes de celles que je donne* [1] ».

Et à ces philosophes de haute marque il n'a pas suffi de se diviser entre eux sur l'exacte valeur à assigner aux mots *abstrait* et *général*, qui jouent un rôle prépondérant dans leurs doctrines, c'est encore avec soi-même que chacun d'eux diffère à cet égard. Par un singulier manque d'à-propos, Stuart Mill a écrit : « L'expression *nom général*, dont l'équivalent exact existe dans toutes les langues à moi connues, disait déjà très bien ce qu'on a voulu dire par cette vicieuse appellation du mot *abstrait* [2] ».

Il est si peu vrai que le mot *général*, ou le mot des autres langues qui en tient lieu, soit en lui même une expression distincte, claire et adéquate, que les logiciens eux-mêmes (notamment Herbert Spencer, tout comme Auguste Comte et Littré) l'emploient à tout

1. *Classification des sciences*, trad. franç., 6° édit., Paris, 1897, p. 6, Félix Alcan, éditeur.
2. *Logique inductive et déductive*, trad. Louis Peisse, Paris, 1866, t. I, p. 29.

bout de champ indifféremment dans le sens de l'extension générique ou nominale, la généralité *a parte mentis*, et dans le sens de l'extension et de la compréhension collectives, la généralité *a parte rei*.

Avant de mettre la main à l'œuvre pour classer les sciences par rang d'abstraction ou de généralité, le premier soin ne devait-il pas être de s'entendre, avec autrui et avec soi-même, sur la signification précise à attribuer à ces termes, principalement en tant qu'appliqués aux sciences ? Toutefois, pour le peu que j'en sais, je dois convenir qu'une telle tâche n'était pas sans offrir de très sérieuses difficultés. Je vais essayer de faire connaître les principales et d'en donner une juste idée.

***

122. Tout objet, nous l'avons vu plus haut, ou, pour parler plus rigoureusement, la nature de tout objet est constituée par des propriétés ou des caractères qui peuvent se sérier entre eux par degrés de généralité, c'est-à-dire d'extension à d'autres objets.

Chacun des termes de cette série progressive des caractères d'un objet pouvant être considéré à part, est susceptible, par cela même, de devenir à son tour l'objet d'une science distincte, et de cette sorte toute série de caractères subordonnés donnera lieu à une série parallèle de sciences, c'est-à-dire qui s'échelonneront entre elles par rang d'extension, comme les caractères correspondants.

Ces caractères, détachés de leur enchaînement sériel pour ainsi dire comme autant de grains d'un chapelet défait, et isolément considérés, sont ce que

Stuart Mill (et aussi les scolastiques, s'il faut l'en croire) appellent des Abstraits ; et il appelle par suite (à tort ou à raison) abstraites les sciences dont ces caractères ou attributs deviennent l'objet propre. Science Abstraite ne signifie donc jusque-là, dans une telle acception, que science d'un caractère abstrait, c'est-à-dire d'un caractère isolé idéalement de son objet pour être observé, analysé et défini en lui-même. Et dans cette acception, *abstrait*, Stuart Mill est fondé à le soutenir, n'a rien de commun avec *général*. En effet l'abstraction dont il s'agit, c'est seulement la séparation imaginaire de l'attribut d'avec son sujet, *et l'attribut strictement individuel peut par conséquent être en même temps un attribut abstrait.*

A ce compte donc tous les caractères abstraits sont également abstraits, et par suite toutes les sciences abstraites, de par leur définition, seraient abstraites au même titre. Mais pour autant elles ne sont pas générales au même degré, pas plus que les caractères correspondants ne sont généraux au même degré. Ceux-ci diffèrent entre eux en extension ; les sciences correspondantes différeront pareillement entre elles en extension.

Ainsi, à s'en tenir aux définitions étroites posées par Stuart Mill, l'Acoustique ou science de l'attribut Sonorité serait tout aussi abstraite que l'Arithmétique, science de l'attribut appelé Nombre. Cependant une telle conséquence répugne à l'esprit, qui sent bien que la notion de l'Abstrait n'est pas contenue tout entière dans la conception de Stuart Mill. C'est qu'en effet, pour abstrait de son sujet que soit un

attribut, il se compose lui-même d'un plus ou moins
grand nombre de sous-attributs, qui sont par conséquent susceptibles eux-mêmes d'abstraction, c'est-à-
dire d'être séparés les uns des autres, et nous avons
là par suite une autre catégorie de l'Abstraction qui
n'a pas moins droit à porter ce nom que la précédente.

Dès lors, moins les attributs ou caractères seront
composés et complexes, plus ils seront élémentaires
et simples, et plus ils seront abstraits ; et plus abstraites aussi seront dites les sciences corrélatives.
Et alors, si en un sens — le sens réduit fixé par
Stuart Mill — l'Arithmétique n'est pas plus abstraite
que l'Acoustique, on comprendra qu'en un autre
sens, qui n'est pas moins légitime, elle l'est incomparablement d'avantage. Et en effet les attributs,
caractères, propriétés, qui constituent son domaine
sont d'une simplicité dont n'approche pas celle des
propriétés ressortissant spécialement à l'Acoustique.

Et maintenant, les attributs simples (ou relativement simples) ayant naturellement plus d'extension
que les attributs composés (ainsi que les corps simples ont plus d'extension que les corps composés,
puisqu'à leur extension isolée s'ajoute celle du composé dont ils sont l'élément), il se trouve qu'en même
temps qu'ils sont plus abstraits, ils sont aussi plus
généraux ; et consécutivement les sciences plus abstraites qui leur correspondent seront aussi plus générales que celles qui se rapportent aux attributs moins
simples.

Ainsi l'Algèbre est plus abstraite que l'Arithmétique, cela, pour signifier qu'elle est la science propre

d'un attribut élémentaire séparé par désintégration
de l'attribut relativement composé qui sert de subs-
tratum à l'arithmétique ; et l'algèbre est conséquemment plus générale que l'arithmétique, parce que, la
plus grande simplicité de l'attribut entraînant sa plus
grande extension ou généralité, la plus grande simplicité consécutive de sa science propre doit pareillement conférer à celle-ci une extension ou généralité
plus grande, ce qui revient à dire qu'elle sera applicable à un plus grand nombre et à une plus grande
variété de cas.

Après ce qui vient d'être dit, il est urgent de faire
remarquer que la Généralité dont il s'est agi — la
généralité du Caractère Abstrait, par opposition à
celle de l'Objet Abstrait — est celle qui est synonyme
d'*extension réelle*. Poursuivant notre revue des rapports taxinomiques des sciences entre elles, nous
allons nous trouver en face de deux autres modes de
Généralité : la généralité correspondant à l'*extension
nominale* ou générique, et celle qui correspond à la
compréhension réelle.

Cette analyse est faite, il me semble, pour intéres-
ser on ne peut plus vivement ceux, bien clairsemés à
la vérité, qu'un mien savantissime ami appelle, avec
une pointe de moquerie, « les dévots de la logique ».
Mais cette analyse est malaisée à conduire, malaisée
à suivre ; à l'auteur donc et au lecteur d'y apporter
toute leur application, toute leur *dévotion*.

123. Tâchons de comprendre ceci :
De la série des attributs ou caractères constituant
la nature d'un objet concret peut être détaché men-

talement un de ses termes quelconques, lequel, ainsi isolé, répondra exactement à ce que Stuart Mill appelle substantivement l'Abstrait, et que j'appelle le Caractère Abstrait.

Ce caractère abstrait, ainsi que nous venons de le voir, sera plus ou moins général au sens de l'extension réelle (34), et il en sera de même de la science à laquelle il donnera lieu.

Secondement, de cette même série de caractères ceux-ci étant successivement retranchés un par un et de degré en degré, en allant des moins généraux (c'est-à-dire qui ont le moins d'extension) aux plus généraux, et de manière à ce que la portion intacte de la série en conserve la tête, c'est-à-dire le caractère de généralité suprême (lequel constitue en même temps, à lui seul, l'objet abstrait le plus abstrait et le plus général, le *summum genus*), on obtiendra une série d'Objets Abstraits diversement généraux et superposés par ordre de généralité croissante.

124. Chaque Caractère Abstrait appelle une science corrélative, chaque Objet Abstrait appellera pareillement et *a fortiori* une science corrélative.

Les Objets Abstraits d'une série s'échelonneront par degrés de généralité ; les sciences correspondantes formeront entre elles une progression de généralité parallèle.

Jusqu'ici nous venons de marcher de déduction en déduction sur une voie facile ; mais voici tout à coup devant nous un obstacle imprévu. C'est la question suivante : A quelle sorte de Généralité appartient celle des Objets Abstraits ? Est-elle de la même sorte que

celle des Caractères Abstraits, ou d'une sorte différente ? Et, en second lieu, la généralité des Sciences relatives aux Objets Abstraits sera-t-elle de même
sorte que celle de ces derniers ?

Réponse :

1º Tandis que la généralité des *Caractères* Abstraits
est *réelle*, celle des *Objets* Abstraits est *nominale*,
comme il a été exposé plus haut et à diverses repri-
ses (34).

2º La généralité des *Sciences* d'Objets Abstraits, au
lieu d'être une *extension nominale*, autrement dit
Générique, comme celle de leurs Objets eux-mêmes,
ou une *extension réelle* — telle qu'est celle des Sciences se rapportant aux Caractères Abstraits —, est une
compréhension réelle, c'est-à-dire une généralité Collective du tout à l'égard des parties (34).

125. Prenons une progression générique d'Objets,
soit Animal, Vertébré, Oiseau, Pigeon.

Ici chaque terme de la série sera un genre pour le
terme qui le suit, et une espèce pour le terme qui le
précède ; et le nom d'objet de chaque terme sera par
conséquent univoque à tous les termes inférieurs.
Ainsi le Vertébré sera en même temps *un* animal;
l'Oiseau sera *un* Vertébré et *un* animal; le Pigeon
sera *un* Oiseau, *un* Vertébré, et *un* Animal.

Opérons maintenant sur la série des caractères différentiels et complémentaires (spécifiques) des mêmes
Objets, c'est-à-dire des caractères qui, ajoutés au
genre, parfont l'espèce. En les prenant successivement
un à un nous dégagerons ainsi l'un après l'autre, en
autant de Caractères Abstraits, tous les éléments
constituant la nature de l'Objet Concret (60).

L'Animal égale le Vivant *plus* un caractère complémentaire et différentiel. Comment dénommer celui-ci en tant que séparé de son sujet et objectivement considéré, c'est-à-dire idéalement substantifié ? Le nom qui conviendra le mieux, si je ne me trompe, c'est le substantif *animalité*.

Je ne vois pas davantage comment exprimer l'idée du caractère complémentaire et différentiel du Vertébré, autrement que par le mot (qu'on me pardonne le barbarisme) *vertébratité*; et l'idée du caractère complémentaire et différentiel de l'Oiseau, autrement que par *avité*; et enfin celle du caractère complémentaire et différentiel du Pigeon, autrement que par *colombité*.

Rapprochons maintenant, parallèlement et côte à côte, les deux séries corrélatives, celle des Objets abstraits, et celle des Caractères abstraits.

Animal . . . . . . Animalité.
Vertébré . . . . . Vertébratité.
Oiseau . . . . . . Avité.
Pigeon . . . . . . Colombité.

Ceci fait, demandons-nous si le rapport générique et d'univocité qui dans la première série existe entre chaque terme et les termes inférieurs, s'étend à la deuxième série.

Il est clair que non ; il est clair que s'il est juste de dire que le Vertébré est un Animal, que l'Oiseau est un Vertébré, et que le Pigeon est un Oiseau, on ne saurait dire congrument que la Vertébratité est une Animalité, l'Avité une Vertébratité, et la Colombité une Avité, attendu que, d'après notre définition actuelle de ces termes, ce sont des noms qui expriment, non point des *genres* ou des *espèces*, mais des *différences*.

En effet il est évident que si l'*animalité* est la différence qui, ajoutée au Vivant, en fait l'Animal ; que si
la *vertébratité* est la différence qui, ajoutée à l'Animal en fait le Vertébré ; que si l'*avité* est la différence
qui, ajoutée au Vertébré en fait l'Oiseau, que si la *colombité* est la différence qui, ajoutée à l'Oiseau en fait
le Pigeon ; il est, dis-je, évident qu'aux termes d'une
telle définition, dire que l'Animalité est une Vitalité,
que la Vertébratité est une Animalité, etc., équivau-
drait entièrement à dire que la différence de deux
quantités inégales est égale à la plus grande.

Ainsi par exemple étant convenu que l'*humanité*
doit s'entendre purement de la différence entre
l'Homme et l'Animal, dire que l'Humanité est une
Animalité, comme on dit, et avec raison, que l'Homme
est un Animal, serait tout aussi absurde que de dire
que 2, égal à 5 moins 3 par définition, est en fait égal
à 2 plus 3, c'est-à-dire égal à 5. Quelle est dès lors
la nature du rapport de subordination qui relie entre
eux les termes de notre série *Animalité, Vertébratité, Avité, Colombité,* ou ceux des séries analogues
envisagés comme noms de caractères différentiels ?

Ce rapport est celui d'une *extension réelle* décroissante (34).

126. Cependant ces noms des Caractères Différentiels comportent encore une autre définition (et même
une troisième, que nous considérerons plus loin), et,
suivant cette deuxième définition, le mot *humanité*
ne désigne plus seulement le caractère différentiel
de la nature de l'Homme, mais cette nature elle-même
en son entier. D'après la définition première, l'Hu-

manité était égale à la nature de l'Homme *moins* la nature de l'Animal, son radical générique. Autrement dit, ce terme représentait ce qu'il faut ajouter à l'idée générique d'Animal pour en former l'idée spécifique d'Homme ; ou encore, pour employer une formule plus scolastique, ce terme, *humanité*, représentait la différence de *compréhension* qui existe entre les deux objets abstraits Homme et Animal. D'après la définition deuxième, l'Humanité égale l'Animalité *plus* le caractère différentiel et complémentaire de la nature humaine ou, dans un autre langage, égale la compréhension totale de l'objet abstrait Homme.

Et alors, entendue dans ce sens l'Humanité sera logiquement une Animalité, de même que l'Homme est un animal. Et pareillement, l'Animalité sera une Vitalité ; la Vertébratité, une Animalité ; l'Avité, une Vertébratité ; la Colombité, une Avité — tout comme l'Animal est un Vivant, le Vertébré un Animal, l'Oiseau un Vertébré, le Pigeon un Oiseau.

La série des dérivés des noms des objets abstraits sera par conséquent, *cette fois,* comme celle des objets abstraits eux-mêmes, une progression d'*extension nominale* ou générique décroissante.

127. Mais là ne se borne pas l'équivoque des « noms Abstraits » de Stuart Mill. Non contente de confondre sous une expression identique la désignation du caractère différentiel de l'objet et la désignation de la nature entière de ce dernier, elle applique encore le même appellatif à la collection indéfinie des objets concrets qui rentrent dans l'extension de l'objet abstrait du nom duquel cet appellatif est le dérivé. Ainsi,

humanité, dérivé de *homme*, désigne à la fois, cumulativement : 1° le caractère différentiel et spécifique qui, ajouté à la compréhension de l'Animal, en fait l'Homme ; 2° la nature humaine dans son intégralité, c'est-à-dire comprenant et sa différence spécifique et son radical générique, la nature animale ; 3° la collection des Hommes individuels.

Tous les noms analogues, et notamment *entité*, *vitalité*, *animalité*, ainsi que les subordonnés *vertébratité*, *avité*, *colombité* (mots régulièrement forgés pour les besoins de la théorie), en un mot, tous les « noms abstraits » de Stuart Mill tirés des noms d'objets abstraits, possèdent, en vertu de l'usage, la même triple signification.

Il a été reconnu successivement que, dans la première acception, la série des noms dérivés est une progression d'extension réelle ; que, dans la deuxième acception, elle constitue une progression d'extension nominale (générique) ; que sera-t-elle donc dans la troisième acception ?

Elle sera une progression de *compréhension réelle* ou collective, autrement dit de Composition (34).

Soit donc la série Entité, Vitalité, Animalité, Vertébratité, Avité, Colombité ; ces termes ayant respectivement le sens de collection des Êtres, de collection des Vivants, de collection des Animaux, de collection des Vertébrés, de collection des Oiseaux, de collection des Pigeons, c'est bien là une série de l'Ordre Collectif. Et par conséquent la Vitalité sera un composant de l'Entité ; l'Animalité, un composant de la Vitalité ; la Vertébratité, un composant de l'Animalité ; l'Avité, un composant de la Vertébratité ; la Colombité, un composant de l'Avité.

128. Le lecteur entrevoit déjà, j'imagine, les conséquences de ce qui vient d'être exposé. Avant tout, c'est que l'ambiguïté des noms sous lesquels s'offrent à nous les objets de connaissance, et la difficulté qui en résulte pour discerner et classer ces derniers, aura sa répercussion dans la nomenclature et la classification des sciences. Ayons recours tout de suite à un exemple pour faciliter nos explications.

Nous venons de voir que l'Animalité peut s'entendre à la fois de trois sortes de choses nettement et profondément distinctes, bien qu'étroitement corrélatives, qui sont : 1° la *nature* de l'objet abstrait Animal, autrement dit l'ensemble total des caractères qui le constituent, non pas purement en tant qu'*animal*, mais en même temps comme Corps Vivant, comme Corps, et comme Être ; 2° son *caractère différentiel*, c'est-à-dire l'élément de sa nature qui lui est propre, et qui le distingue à la fois du radical générique auquel il est subordonné, le Vivant, et de son coordonné du même genre, le Végétal ; 3° la *collection* indéfinie des êtres concrets auxquels s'étend le nom commun d'*animal*, ou en d'autres termes l'ensemble des Animaux.

De là il résulte clairement que la Zoologie, ou science de l'Animalité, aura à faire face simultanément à ces trois différents objets, et que par conséquent son programme devra se partager en trois compartiments entièrement séparés et clos.

Par le fait ce seront trois zoologies en une seule (comme la trinité dans l'unité divine), qu'il faudra bien se garder de confondre entre elles, et à chacune d'elles devra être dévolue sa juste part du commun

domaine. Et ce que nous disons ici de la Zoologie
prise pour exemple s'appliquera, bien entendu, à
toutes les sciences qui tirent leur nom de celui d'un
objet abstrait.

129. La nécessité d'un tel partage s'est fait sentir
aux empiriques de la mathésiotaxie eux-mêmes. Pour
l'opérer, voici l'expédient auquel ils ont eu recours.

La science dite a été scindée en deux départements.
Pourquoi pas trois? demandera-t-on. Je réponds:
C'est empiriquement que les mathésiotaxistes ont
opéré, c'est-à-dire sans avoir préludé à leur besogne
par une analyse métaphysique de l'objet de la connaissance, telle que celle à laquelle nous nous sommes livrés tantôt nous-mêmes. En second lieu, l'o-
mission de l'une de nos trois divisions théoriques
s'est trouvée être sans inconvénient pour la pratique.
Si un département mathésiologique propre n'a pas
été affecté à la nature de l'objet abstrait prise dans son
intégralité, le département attribué au caractère différentiel a tenu lieu des deux. C'est qu'en effet la nature
d'un objet abstrait se compose de la nature de son
radical générique plus de son caractère spécifique ou
différentiel à lui; d'où cette conséquence que la
science de la nature de cet objet abstrait est contenue
dans la science de son radical générique, à la seule
exception de la partie afférente au caractère différentiel ou spécifique.

Ainsi, qu'est-ce que la nature de l'Animal? C'est la
nature du Vivant plus le caractère différentiel d'animalité. La Biologie, censée préexistante, nous offrant
déjà la science de la Vitalité en général, la Zoologie

n'aura pas à répéter, à refaire cette science supérieure,
elle n'aura qu'à s'y reporter et à y ajouter. C'est ainsi
que la Physique, dont l'objet a dans sa compréhension l'objet des Mathématiques, comme l'objet de la
Zoologie a dans sa compréhension l'objet de la Biologie, considère et traite les Mathématiques comme
extérieures à son programme, comme une science
antérieurement constituée, sur laquelle elle prend
continuellement appui, mais dont elle se sent nettement distincte et séparée.

130. Donc la science de la nature d'un objet doit se
renfermer dans la considération du caractère différentiel de cet objet. Et cela, c'est par la même raison qui
fait que nous dénommons tout objet d'après son seul
caractère différentiel, et tenons pour *impliqués*, nous
dispensant de les *expliquer*, les noms de ses radicaux
génériques ; comme par exemple quand nous disons :
le Corps, pour l'Être-Corps ; le Vivant, pour l'Être-
Corps-Vivant ; l'Animal, pour l'Être-Corps-Vivant-
Animal ; etc.

Par conséquent l'instinct des mathésiotaxistes empiriques ne les a pas trompés en leur suggérant de
ramener à deux grandes sections les divisions de
toute science dite. Ces deux grandes sections fondamentales ont été distinguées par eux au moyen des
deux qualificatifs opposés de *générale* et de *spéciale*.

La partie Générale de la science d'un objet abstrait
est celle qui est afférente au caractère différentiel de
cet objet ; sa partie Spéciale est celle qui a trait aux
différents objets subordonnés constituant les espèces
dont ledit objet abstrait est le genre. Exemples : La

Zoölogie Générale est la science de ce qui constitue le caractère différentiel de l'Animal, et qui est en même temps le caractère commun unissant entre eux tous les Animaux en un même genre ; la Zoologie Spéciale est la science de ce qui différencie les Animaux les uns des autres, et les divise en autant d'espèces. La Chimie Générale et la Chimie Spéciale, la Pathologie Générale et la Pathologie Spéciale, la Grammaire Générale et la Grammaire Spéciale, se font pendant l'une à l'autre de la même façon.

Herbert Spencer reproche à Auguste Comte d'avoir adopté cette division : « Au lieu, dit-il, de regarder certaines sciences comme entièrement abstraites et d'autres comme entièrement concrètes, il regarde chaque science comme étant en partie abstraite et en partie concrète. Il y a selon lui une mathématique abstraite et une mathématique concrète, une biologie abstraite et une biologie concrète [1] ».

Ici, comme l'auteur en fait la juste remarque, *abstrait* est employé par Comte comme synonyme de *général*. Herbert Spencer condamne donc ce partage intérieur de chaque science dite, en Générale et Spéciale. A mon avis, Spencer est dans son tort en ceci, et de même quand il soutient que toute science est absolument abstraite ou absolument concrète. Rien n'est plus faux.

La Biologie, considérée comme la science de la nature différentielle de l'être vivant, s'occupera d'abord de la nature du Vivant abstrait, c'est-à-dire de ce qui est le fonds commun de la nature des divers êtres

---

1. *Classification des Sciences*, p. 67.

vivants, et s'appellera, en tant que ce, la Biologie Générale. Secondement, elle se proposera la connaissance des objets abstraits qui sont les espèces prochaines du haut genre le Vivant, et deviendra la Biologie Spéciale.

Les deux espèces prochaines du genre le Vivant étant le Végétal et l'Animal, la Botanique et la Zoologie constitueront à elles deux cette Biologie Spéciale.

Mais le Végétal et l'Animal sont à leur tour des genres qui ont respectivement leurs espèces subordonnées immédiates. Celles-ci sont, pour l'Animal (afin d'abréger nous négligerons le Végétal), l'Invertébré et le Vertébré. La Zoologie comporte donc, à l'instar de la Biologie, une division en Générale et Spéciale, la première devant connaître de ce qui est le fonds commun essentiel de caractères où puisent à la fois Invertébrés et Vertébrés, la seconde ayant pour attribution de déterminer les caractères respectivement propres à ces deux espèces prochaines du genre Animal.

Et maintenant, suivant le même cours d'idées, comme la distinction du Végétal et de l'Animal a suscité la Botanique et la Zoologie au sein de la Biologie, pareillement la distinction de l'Invertébré et du Vertébré fera naître l'Invertébratologie et la Vertébratologie (qu'on me pardonne ces néologismes horribles, auxquels je ne me résous que contraint et forcé) au sein de la Zoologie. Et, par un enchaînement de raisons semblable, nous aurons ensuite une Invertébratologie et une Vertébratologie Générales, et une Invertébratologie et une Vertébratologie Spé-

ciàles. Et celles-ci se partageront ensuite, la première,
en Malacologie, Entomologie etc. ; la seconde, en
Ichthyologie, Batrachologie, Erpétologie, Ornithologie, Mammalogie. Et chacune de ces *logies*, en vertu
de la même logique, se scindera en générale et spéciale, et se décomposera en un groupe de sous-sciences, lesquelles, comme leurs mères, auront une postérité analogue.

Combien Herbert Spencer a donc été mal inspiré
en avançant que les sciences sont absolument abstraites ou absolument concrètes,. et que c'est une
erreur de croire que chacune puisse être tour à tour
l'un et l'autre suivant le point de vue !

*
* *

131. Etant données les sciences qui sont susceptibles de se classer entre elles en un système progressif de subordination et de coordination du type que
nous offre la Biologie avec ses sous-sciences, maintenant se présente la question de savoir quel est le
rapport logique qui existe entre les termes subordonnés et les termes superordonnés d'un tel système.

La science qui correspond à l'Objet Abstrait genre
est-elle elle-même un genre pour les sciences correspondant aux Objets Abstraits espèces? Ainsi, le Végétal et l'Animal étant deux espèces par rapport au
Vivant, leur genre commun, la Botanique et la Zoologie seront-elles pareillement deux sciences espèce
au regard de la Biologie, qui serait alors, vis-à-vis
d'elles, une science genre? Le Reptile est une espèce
du Vertébré, l'Erpétologie sera-t-elle conséquemment
une espèce de la Vertébratologie? Et l'Ophiologie

est-elle elle-même une espèce de l'Erpétologie, par la même raison que le Serpent est une espèce du genre Reptile [1] ?

Pour décider le cas, nous possédons une double pierre de touche infaillible. Demandons-nous si, sans faire violence à notre sens logique, nous pouvons dire que la Zoologie est une Biologie, que la Vertébratologie est une Zoologie, que l'Erpétologie est une Vertébratologie, que l'Ophiologie est une Erpétologie, et ainsi de suite.

Et puis, demandons-nous en second lieu si, dans cette classification des sciences, celles qui forment les rangées supérieures du système font partie des vraies choses à classer, ou si elles ne sont que de simples jetons employés pour faciliter la classification de ces dernières, à l'instar des objets abstraits qui, eux, ne sont que des symboles des objets concrets, imaginés à la seule fin de classer ces derniers.

La réponse à ces deux questions ne saurait être douteuse.

Sans doute le mot *science* est univoque à la Mathématique, à la Physique, à la Chimie, à la Biologie, etc., puisqu'on peut dire de chacune de ces dernières qu'elle est *une* Science. Ce mot, ainsi entendu, ne désigne pas le corps des sciences, la collection des sciences, mais est simplement le nom générique des sciences particulières. Or il n'en est point de même de celles-ci, du moins le plus souvent : chacune est un *corps* de connaissances, et non pas un *genre* de con-

---

1. Il s'agit ici du *genre* et de l'*espèce* des logiciens, et non de ce que les naturalistes entendent par ces mêmes mots.

naissances; et les sous-sciences subordonnées respectives sont bien les *membres*, les parties constituantes de la science supérieure, et non pas ses *espèces*. C'est ainsi qu'on ne saurait dire que l'Algèbre est une Mathématique, ou que l'Optique est une Physique; et la Mathématique et la Physique sont tout aussi réellement sciences que l'Algèbre et l'Optique, de même que le Corps humain est un objet non moins réel, non moins positif que les Bras et les Jambes; de même encore que le Régiment et le Département sont des unités tout aussi réelles, tout aussi positives que la Compagnie et la Commune.

Mais revenons à la Biologie et à ses sous-sciences subordonnées.

Le Vivant, le Végétal, l'Animal, le Vertébré, l'Invertébré, le Mammifère, le Reptile, le Serpent, etc., sont autant de singuliers génériques, désignant des objets abstraits, qui n'ont d'existence que dans notre esprit. Mais les sciences qui correspondent à ces objets abstraits n'ont rien elles-mêmes d'imaginaire, de symbolique; elles sont toutes positives, également positives; et tandis que leurs objets se sérient par ordre de généralité Générique, c'est-à-dire dans un ordre où, dans le sens de l'accroissement, chaque terme de la série est un genre pour celui qui le précède, elles, au contraire, se sérient par ordre de Composition, chacun étant un composé pour celle qui la précède, et un composant pour celle qui la suit. Le Vivant est un genre pour le Végétal et l'Animal, l'Animal est un genre pour le Vertébré et l'Invertébré, etc. La Biologie sera un corps de science ayant pour membres la Botanique et la Zoologie; la Zoologie de même sera un corps de science ayant pour membres la Vertébratologie et l'Invertébratologie; et ainsi de suite.

132. Nous avons rencontré déjà d'autres couples de séries parallèles et étroitement corrélatives dont une est une progression Générique, et l'autre une progression Collective. Par exemple ces deux séries : 1° *Européen, Français, Normand, Rouennais*; 2° *Europe, France, Normandie, Rouen.* L'Européen, le Français, le Normand, etc., ces êtres singuliers sont autant d'abstractions et de fictions. On pourra me montrer *un* Français, on ne pourra pas me montrer *le* Français. Mais on pourra me montrer *la* France, *l'*Europe, *la* Normandie, *la* ville de Rouen. Le Rouennais est un Normand, le Normand est un Français, le Français est un Européen ; mais Rouen n'est pas une Normandie, la Normandie n'est pas une France, la France n'est pas une Europe. Les termes de cette deuxième série ne sont pas attachés l'un à l'autre par le rapport Générique, leur lien est le rapport Collectif.

Une corrélation semblable existe entre toutes les séries de sciences d'objets abstraits et les séries de ces derniers.

133. L'ordre taxinomique de Hiérarchie a aussi sa place dans la classification des sciences.

Une science ne se borne pas à être un composé vis-à-vis de ses sous-sciences — la Mathématique vis-à-vis de l'Arithmétique et de l'Algèbre ; la Physique vis-à-vis de la Thermologie, de l'Electrologie, de

l'Optique et de l'Acoustique, etc.; la Biologie, à l'é-
gard de la Botanique et de la Zoologie ; la Zoologie,
à l'égard de la Mammalogie, de l'Ornithologie, etc. ;
toute science composée a en même temps une tête,
comme l'Etat à une tête, sa Capitale, et la Province,
son Chef-lieu ; comme le Régiment a son Colonel ,
la Compagnie, son Capitaine, etc. La tête d'une
Science, c'est sa partie générale : la Chimie Générale
est la tête de la Chimie ; la Grammaire Générale est
la tête de la Grammaire ; la Biologie Générale est la
tête de la Biologie ; la Zoologie Générale, la tête de
la Zoologie, etc. De là, dans la classification des
Sciences, une troisième sorte de série parallèle, celle
de Hiérarchie, venant s'ajouter à leur série de Composition, et à la série de Généralité Générique des
Objets.

Nous traduisons ci-après notre pensée en tableau
pour lui donner corps et la rendre ainsi plus saisissable.

Objets	Sciences des objets	
Ordre Générique.	*Ordre Collectif*	*Ordre Hiérarchique.*
Vivant.	Biologie.	Biologie Géné-rale.
Animal.	Zoologie.	Zoologie Géné-rale.
Vertébré.	Vertébratologie.	Vertébratologie Générale.
Reptile.	Erpétologie.	Erpétologie Gé-nérale.
Serpent.	Ophiologie.	Ophiologie Gé-nérale.

Pour rendre sensible la raison de l'attribution des deux séries corrélatives de sciences à deux ordres taxinomiques différents, c'est-à-dire de l'attribution de l'une à l'ordre de Composition et de l'attribution de l'autre à l'ordre de Hiérarchie, il suffira de les soumettre à la comparaison suivante. L'Ophiologie fait partie de l'Erpétologie ; celle-ci fait partie de la Vertébratologie ; celle-ci, de la Zoologie ; et enfin cette dernière, de la Biologie. Mais ce serait un abus manifeste de dire que l'Ophiologie Générale fait partie de l'Erpétologie Générale ; que celle-ci fait partie de la Vertébratologie Générale ; que cette dernière fait partie de la Zoologie Générale ; et qu'enfin la Zoologie Générale fait partie de la Biologie Générale. Et ce qui ne serait pas moins faux, ce serait de dire que l'Ophiologie Générale est une Erpétologie Générale, que celle-ci est une Vertébratologie Générale, etc. La deuxième série n'appartient donc ni à l'ordre Collectif, ni à l'ordre Générique, et il est inutile de s'arrêter à montrer qu'elle n'appartient pas davantage à l'ordre de Généalogie. D'ailleurs, on n'a qu'à se rappeler les caractériques de l'ordre de Hiérarchie pour s'assurer qu'elle les possède entièrement.

134. L'ordre de Généalogie ou d'Evolution a aussi toutefois sa participation à la classification des sciences, comme Auguste Comte s'est efforcé de l'établir, et il serait intéressant de l'exposer en détail. Mais le temps et la place nous étant mesurés, nous croyons devoir consacrer le peu qui nous en reste à jeter un coup d'œil global et très sommaire sur d'autres points principaux de la Mathésiologie que nous n'avons pas

encore considérés, ou que nous n'avons fait que signaler en passant.

135. Grouper et distribuer l'ensemble des connaissances humaines en un système rationnel devant être à la fois l'inventaire de ce que nous savons et le programme de ce qui reste à connaître, est une entreprise au premier chef philosophique ; aussi la pensée en est venue à tous les grands philosophes et les a plus ou moins captivés. Mais les efforts déployés en vue d'un tel but, ainsi qu'il a été déjà constaté, ne se sont pas mis sous la direction de la vraie méthode, d'une méthode qu'on puisse appeler scientifique, les principes de la science générale des classifications étant demeurés entièrement méconnus. Tous les essais de Mathésiotaxie qui se sont produits jusqu'à ce jour, des plus obscurs aux plus célèbres, ne sont par conséquent que de l'empirisme plus ou moins ingénieux. Les plus récents, qui sont en même temps les plus connus et les seuls qui aient encore le privilège de mettre aux prises des partisans enthousiastes et des adversaires passionnés, appartiennent à la philosophie d'Auguste Comte ou à celle d'Herbert Spencer. L'ouvrage de ce dernier intitulé *Classification des Sciences*, a déjà été mentionné ici. Pour exposer ce qui me reste à dire, je vais prendre texte de certaines propositions de cet écrit, où l'auteur, en même temps qu'il formule ses opinions, les oppose à celles d'Auguste Comte.

136. Spencer commence ainsi son livre :

« Dans un essai sur la « Genèse de la science »,
dit-il, publié pour la première fois en 1854, j'ai cherché à montrer que les sciences ne peuvent être rationnellement disposées dans un ordre sériaire. Dans
cet opuscule, consacré en partie à la critique de la
classification de Comte, j'ai prouvé que ni l'ordre de
succession suivant lequel cet auteur dispose les sciences, ni tout autre ordre suivant lequel on peut les
disposer, ne représentent, soit leur dépendance logique, soit leur dépendance historique. J'avais alors
laissé de côté la question de savoir comment il serait
possible de déterminer exactement les rapports des
sciences entre elles ; aujourd'hui c'est cette question
même que je me propose d'examiner. »

Spencer a « prouvé », affirme-t-il, que la dépendance logique des sciences les unes par rapport aux
autres, pas plus que leur dépendance historique, ne
peut être exprimée par aucun ordre de succession,
c'est-à-dire par aucune série progressive, si j'ai bien
compris. A mon tour, je crois avoir *prouvé* tout à
l'heure, et cela par des exemples topiques, que cette
prétention du philosophe anglais se heurte aux faits
les plus avérés, les plus patents. Ontologie, Somato-
logie, Biologie, Zoologie, Vertébratologie, Erpétologie, Ophiologie, n'est-ce pas là une série très régulière
et très naturelle de sciences par ordre de composition
(c'est-à-dire de compréhension réelle) décroissante,
si on envisage les sciences ainsi nommées comme
des valeurs collectives ? Et cette même série n'est-elle
pas encore une progression, mais cette fois une progression d'extension réelle décroissante, si les mêmes sciences sont considérées comme se rapportant

purement, soit au caractère différentiel, soit à la nature entière, de l'objet abstrait qui leur donne son nom, et non point à la collection des objets concrets que l'extension de ce nom commun embrasse?

Cette série d'objets abstraits subordonnés : Être, Corps, Corps Vivant, Animal, Vertébré, Reptile, Serpent, n'est-elle pas une progression typique de généralité décroissante? Oui, c'est indiscutable. Et alors, quoi! les sciences correspondantes ne formeraient pas à leur tour une série, et le seul ordre qui régnerait entre elles serait l'ordre de Confusion ! *A priori*, c'est une supposition gratuite et contraire à la vraisemblance ; *à posteriori*, c'est matériellement faux, nous l'avons amplement et surérogatoirement démontré dans ce qui précède.

Après avoir déclaré les sciences insériables, l'auteur va examiner, dit-il, les rapports qu'elles ont entre elles. Il continue ainsi :

« Une véritable classification renferme, dans chaque classe, les objets qui ont entre eux plus de caractères communs que chacun d'entre eux n'en a avec tous les autres objets exclus de cette classe... Par conséquent, s'il est possible de classer les sciences, cela ne peut avoir lieu qu'en groupant ensemble les objets semblables, et en groupant à part les objets qui en diffèrent, suivant la définition donnée plus haut. C'est ce que nous allons essayer de faire. »

Le seul ordre de classification que l'auteur semble connaître, ou du moins reconnaître, et en tout cas le seul qu'il juge applicable aux sciences, c'est donc l'ordre de ressemblance et de différence, autrement dit l'ordre de généralité générique. Que les sciences se prêtent à une classification de cette sorte, je m'empresse de le reconnaître; mais en même temps il a été surabondamment établi dans ce qui précède qu'elles s'adaptent aussi à la taxinomie collective et à la taxinomie hiérarchique, ce qui est nié implicitement par notre auteur. Toutefois je m'abstiens pour le moment d'ouvrir une discussion avec lui sur ce point particulier, pour le suivre dans les déductions de son principe.

Ce principe posé, la distribution que Spencer se propose de faire de l'ensemble des sciences ne peut être qu'un *système* taxinomique dont l'économie nous est déjà familière, c'est-à-dire un pyramide dont un genre suprême, un *summum genus*, formera le sommet, et dont les assises superposées, qui vont se succédant de haut en bas, représentent chacune un groupe de termes réciproquement coordonnés, qui seront à leur tour autant de genres pour les termes de l'assise immédiatement inférieure, et autant d'espèces pour les termes de l'assise placée au-dessus. Ou, pour nous exprimer plus concrètement, disons que la classification annoncée par notre logicien ne saurait cadrer avec sa définition sans remplir la condition suivante : être un système nominatif de sciences dans lequel un nom unique de science sera univoque à un groupe de sciences immédiatement subordonnées, dont le nom de chacune sera à son tour l'appellation commune d'un autre groupe de sciences à elle subordonnées immédiatement ; et ainsi de suite progressivement jusqu'à ce que soit atteinte la base du système, qui sera formée des seules véritables sciences, des seules sciences réelles, celles des étages supérieurs n'étant en fait que des symboles de sciences, des noms généraux de sciences d'extension graduée.

Examinons maintenant de quelle façon l'auteur a rempli ce programme. Je reprends la citation :

« La division naturelle des sciences la plus large — poursuit-il, — est celle qui les partage en deux classes : les sciences qui ont pour objet les rapports abstraits sous lesquels les phénomènes se présentent à nous, et celles qui ont pour objet les phénomènes eux-mêmes. »

Par la subdivision ultérieure de l'une de ces deux grandes classes, l'auteur arrive à la distribution totale des sciences en trois sections de premier rang et sous les trois chefs suivants : Science *Abstraite* ; Science *Abstraite-Concrète* ; Science *Concrète*. La première de ces trois grandes sections se subdivise en *Logique* et *Mathématique* ; la seconde, en *Mécanique*, *Physique*, *Chimie*, etc. ; la troisième, en *Astronomie*, *Biologie*, *Psychologie*, *Sociologie*, etc.

Voilà bien un système de classification fondé — intentionnellement du moins — sur la relation de ressemblance et de différence, c'est-à-dire un système de généralité générique. Il en a en effet toutes les propriétés essentielles : 1° Le nom de chaque terme est univoque aux termes subordonnés ; ainsi, par exemple, la Science Abstraite est une Science, et la Logique est une Science Abstraite. 2° La dernière rangée horizontale des termes du système, celle qui en forme la base — Logique, Mathématique ; Mécanique, Physique, Chimie, etc. ; Astronomie, Biologie, Psychologie, Sociologie, etc. — contient seule les termes à classer, tandis que les horizontales supé-

rieures — Science Abstraite, Science Abstraite-Concrète, Science Concrète ; et Science — ne sont que
des appellatifs généraux de ces sciences. 3° L'*extension* de chaque terme est directement proportionnelle,
et sa *compréhension* inversement proportionnelle, à
l'élévation de son rang dans la série verticale dont il
fait partie. Ainsi dans la série verticale ci-après de
généralité croissante : Astronomie, Science Concrète,
Science, c'est le premier de ces termes qui a le moins
d'extension et le plus de compréhension ; c'est le dernier, qui a le moins de compréhension et le plus d'extension.

137. Pour le moment, nous ne jugeons pas *au
fond*, comme on dit au Palais, la classification de
Herbert Spencer, c'est-à-dire son mérite intrinsèque ;
il s'agit ici pour nous simplement de constater que
cette classification appartient vraiment à l'Ordre Générique, comme la logique en faisait une nécessité
du moment où l'auteur avait posé en principe, et que
les sciences ne peuvent se sérier, et, d'autre part,
qu'on ne peut les classer « qu'en groupant ensemble
les objets semblables, etc. ». Et voilà que Spencer
n'avait pas plus tôt formulé ce dogme, qu'il nous
présentait un tableau de classification des sciences
qui en est le démenti catégorique.

C'est là surtout ce que je tenais à mettre en lumière.
Ce système mathésiotaxique, bien que d'ordre générique, a pour base une série progressive (78). Cette
progression, qui doit se répéter en raccourci dans
chacune des rangées horizontales supérieures du système (79), est manifeste et expresse dans la suite que

voici : « Science Concrète, Science Abstraite-Concrète, Science Abstraite. »

Ainsi, au recto d'un de ses feuillets, l'éminent philosophe anglais affirme, et assure avoir prouvé, que les sciences à classer ne se prêtent à aucune sériation progressive ; au verso, il nous propose une classification de ces sciences dans laquelle elles se succèdent progressivement en raison de leur degré d'abstraction relative. *Et nunc erudimini.*

***

138. La Science Abstraite, la Science Abstraite-Concrète et la Science Concrète de la classification de Spencer sont définies ainsi par l'auteur : La première, c'est la science « qui traite des formes sous lesquelles les phénomènes nous apparaissent » ; la seconde est « celle qui traite des phénomènes eux-mêmes, étudiés dans leurs éléments » ; la troisième est « celle qui traite des phénomènes eux-mêmes, étudiés dans leur ensemble ».

Notre philosophe manque essentiellement de précision et de rigueur dans l'expression de sa pensée, cette pensée sans doute ayant l'impatience de voir le jour sans attendre d'avoir subi une incubation suffisante dans le cerveau du penseur. Aussi, comme celui-ci ne manque pas d'idées substantielles et originales valant la peine d'un examen, son lecteur a une tâche qui n'est pas précisément de comprendre ce que l'auteur dit, mais de deviner ce qu'il veut dire. Les mots le plus techniquement distincts sont employés par Spencer comme synonymes. C'est ainsi qu'il ne distingue pas entre le *fait*, qui est ce qui tombe sous l'observation, et la *vérité*, qui doit s'entendre d'une proposition conforme au fait qu'elle énonce. Il confond l'*objet*, qui implique l'idée de l'Être, avec le *phénomène*, qui est l'état d'un objet en cours de variation.

La « science abstraite » est définie par l'auteur « celle qui traite des formes sous lesquelles les phénomènes nous apparaissent ». Le phénomène, qui, comme l'indique l'étymologie du mot, n'est lui-même qu'une apparence, une manifestation, ne saurait exister en dehors des « formes » sous lesquelles il « nous apparaît ». Le phénomène et l'ensemble de ses « formes », cela ne fait donc qu'un. Ce que l'auteur aurait dû dire pour dégager clairement, sur ce point, le fond de sa pensée et rester dans le vrai, c'est que ce qu'il appelle la science abstraite est la science propre du caractère abstrait, c'est-à-dire du caractère constituant considéré isolément des autres caractères qui concourent avec lui à former la nature des objets.

139. A ce propos, il convient de noter ici en passant que c'est abusivement, par une métonymie pouvant induire gravement en erreur, que le qualificatif caractéristique de l'objet d'une science est attribué à cette science elle-même, comme s'il devait en être logiquement, nécessairement ainsi. Appeler générale, spéciale, abstraite ou concrète une science par la seule raison qu'elle est relative à un objet général, spécial, abstrait ou concret, peut être aussi peu juste, on a pu le voir déjà par quelques exemples, qu'il le serait de dire que la science de la lumière est une science lumineuse, que l'acoustique est une science sonore, que

la biologie est une science vivante, que la pathologie est une science malade. Mais Dieu nous préserve d'entreprendre la tâche de relever toutes les incohérences de la langue philosophique ! Toutefois il est bon de se dire que ces incohérences fourmillent, afin de se tenir continuellement en garde contre elles.

Je me hâte de fermer cette parenthèse pour revenir à la discussion de la théorie de Spencer sur l'abstrait et la science abstraite.

140. Ainsi Spencer, de même que Stuart Mill avant lui, a entrevu la notion du caractère abstrait, mais, de même que lui, comme à travers un brouillard. Il a ébauché plusieurs formules pour essayer de rendre l'idée confuse qu'il s'en était faite ; la suivante, quoique bien incorrecte, me paraît être celle qui se tient le moins loin de la vérité.

« Le mot *abstrait*, dit notre auteur, s'applique à un fait qui est détaché de la somme des circonstances d'un phénomène particulier [1]. »

Une telle définition, qui demanderait à être entièrement refondue et rendue en termes plus précis et plus justes, ne peut vouloir dire qu'une chose, c'est que le qualificatif *abstrait* convient à tout caractère (« fait ») détaché de la somme des caractères (« circonstances ») d'un objet (« phénomène »).

Cependant, ainsi que nous l'avons noté sommairement tout à l'heure, le Caractère Abstrait s'offre sous deux aspects, ou mieux dans deux conditions remarquablement distinctes : il se rencontre, soit comme

1. *Op. cit.*, p. 7.

différence de compréhension entre une espèce et son genre prochain, en un mot comme caractère Différentiel ; soit tel qu'est tout autre caractère isolément envisagé, par exemple, l'un quelconque des éléments du caractère différentiel. Cette deuxième sorte de caractère abstrait, nous proposerons de la nommer le Caractère Abstrait *indépendant*.

Spencer a-t-il tenu compte d'une telle distinction ? Non, car il paraît n'avoir eu aucune idée du Caractère Différentiel et de son rôle mathésiotaxique, tels que nous les avons définis ci-dessus ; mais son attention s'est concentrée sur le Caractère Indépendant, à en juger surtout par la qualité des sciences qu'il rattache à son Abstrait. En effet, ses « sciences abstraites » — expression par laquelle il entend, nous en avons été formellement avertis, les sciences de l'abstrait — sont celles des Caractères Indépendants de la plus haute généralité, sériées suivant l'extension réelle décroissante de ces derniers. C'est la Logique et la Mathématique.

Certes, il s'agit ici de l'un des deux grands aspects de la Mathésiotaxie, la science du Caractère Indépendant, qui n'offre pas moins d'intérêt et d'importance que celui dont nous nous sommes déjà particulièrement occupés, c'est-à-dire la science de l'Objet Abstrait, laquelle du reste, il convient de le rappeler, se réduit à la science du Caractère Différentiel (129 ; 130) (de telle sorte qu'en dernière analyse toute la science se partage entre le Caractère Différentiel et le Caractère Indépendant).

C'est à quelques brèves indications, en guise de jalons plantés de loin en loin, que je me bornerai sur cette, dernière partie de mon sujet. Il conviendra avant tout de rendre sensible par des exemples la ligne de démarcation tracée entre le Caractère Différentiel et le Caractère Indépendant.

141. Le caractère Différentiel d'une Espèce déterminée quelconque est toujours comme une résultante aux composantes plus ou moins nombreuses et diverses, et son essence n'emprunte pas moins à la combinaison de ses éléments qu'à leur qualité individuelle. Et enfin il a une affectation unique, exclusive : servir de complément déterminatif à cette Espèce.

Les caractères élémentaires compris dans la composition d'un caractère différentiel ne sont, au contraire, liés à l'Espèce correspondante que comme faisant occasionnellement partie de cette agrégation particulière qui, pour eux, n'est point exclusive de toute autre ; désagrégés, isolés, ils recouvrent leur indépendance, et peuvent entrer dans de nouvelles combinaisons de caractères élémentaires et se trouver présents à la fois dans une multitude de Caractères Différentiels très divers, très hétérogènes.

Appuyons notre exposé de quelques exemples familiers. L'*Avité* ou caractère différentiel de l'espèce Oiseau, est inséparable de cet objet abstrait, puisqu'il lui est propre, le caractérise entre tous ; et de son côté la science de l'Avité, l'Ornithologie, se rattache exclusivement, comme subordonnée prochaine, à la Vertébratologie. Il en est tout autrement des éléments caractériels dont l'Avité se compose. Parmi ceux-ci nous apparaissent en première ligne la propriété du Vol et l'Oviparité. Ces deux attributs ou caractères constituants de l'Avité sont-ils donc propres à l'Oiseau, et la science de chacun d'eux est-elle, mathésiotaxiquement parlant, sous la dépendance exclusive de l'Ornithologie?

Nullement : En même temps qu'aux Oiseaux, le Vol appartient à certains Mammifères (la Chauve-souris), à certains Reptiles (les Ptérosauriens), à certains Poissons (Poisson volant), et à d'innombrables Insectes.

Il en est de même de l'Oviparité ; l'Oiseau la partage avec presque tous les Vertébrés inférieurs, et le plus grand nombre des Invertébrés; et de plus elle se rencontre jusque chez les Mammifères (Monotrèmes). La science du caractère appelé le Vol, et celle du caractère appelé l'Oviparité, ne sauraient donc être des subordonnées propres de l'Ornithologie de la même façon que celle-ci est une subordonnée propre de la Vertébratologie.

Le Vol et l'Oviparité sont ainsi des caractères Indépendants, tandis que l'Avité est un caractère Différentiel, et par conséquent *dépendant*. Et les deux sciences correspondantes seront, non pas des sciences d'Objets (ou de Caractères Différentiels, ce qui revient au même (129; 130)), telles que l'Ornithologie et l'Erpétologie, mais des sciences de Caractères.

Et néanmoins la science du Vol relèvera d'une science supérieure, comme l'Ornithologie relève de la Vertébratologie ; mais cette science superordonnée sera aussi une science de caractères, de même que sa subordonnée: ce sera la science de la Locomotion animale.

On voit par ce dernier exemple que les Caractères Indépendants peuvent se sérier génériquement comme les Objets Abstraits, le caractère du Vol étant au caractère Locomotion animale comme l'objet Oiseau est à l'objet Vertébré.

Mais en outre les caractères d'un même plan générique sont sériables en progression d'extension réelle — ainsi que nous l'avons constaté plus haut —, et c'est par cette propriété qu'ils offrent le principal intérêt au point de vue de la classification des sciences. Certains d'entre eux sont présents dans l'universalité des objets particuliers, ce sont ceux qui appartiennent essentiellement à l'Être absolu, c'est-à-dire à tous les êtres sans exception, tel par exemple ce caractère ou propriété logique qui fait qu'une chose ne saurait tout à la fois être et ne pas être, ou bien être d'une certaine façon et être autrement que de cette façon.

D'autres caractères appartiennent à tous les corps, mais aux corps seulement, telle l'étendue ; il en est qui sont l'apanage des corps vivants, la propriété de reproduction, par exemple ; et tels autres sont limités aux corps vivants animaux, comme la propriété de locomotion volontaire. Etc.

Les caractères Indépendants sont donc sériables en progression d'extension réelle ; et ils le sont aussi, mais inversement, en progression de compréhension, car, pour ne pas être exclusivement attachés, ainsi que le sont les caractères Différentiels, à la nature de tel ou tel objet, ils n'en sont pas moins susceptibles, comme eux, d'offrir une composition plus ou moins complexe.

Pour les motifs susénoncés, je renonce à développer les sommaires indications déjà données sur ces deux points, dont la démonstration reste par conséquent en suspens.

142. A l'échelle des Caractères Indépendants correspond parallèlement celle de leurs sciences respectives. Quel est le rapport taxinomique qui relie celles-ci entre elles ? Est-il le même que celui qui relie entre elles les sciences d'objets (131) ? Je me vois forcé d'ajourner aussi cette question. Mais ce que je ne puis remettre, c'est l'observation suivante : La progression d'extension réelle des caractères Indépendants accompagne d'un bout à l'autre dans toute sa longueur la progression d'extension nominale des objets abstraits ; et partant la progression des sciences des caractères, c'est-à-dire des sciences qu'Herbert Spencer caractérise du nom d'*abstraites*, a toute l'étendue de la progression des sciences des objets, depuis le suprême sommet de l'abstraction et de la généralité jusqu'au dernier degré du concret et du particulier.

Aussi combien gravement ils errent, Auguste Comte, Littré et Spencer, en limitant les « Sciences abstraites », le premier, à la Mathématique, les seconds, à la Logique et à la Mathématique ! De tels termes ne sont que le sommet — et encore tronqué — d'un système de sciences latéral à celui des objets, et qui l'accompagne d'un bout à l'autre.

Logique (avec la Grammaire en tête), Algèbre, Arithmétique, Géométrie, Mécanique, Chimie, Physiologie, constituent une série régulière de Sciences de Caractères ou attributs — les « Sciences abstraites » de Spencer — par progression d'extension décroissante ou de compréhension croissante, qui se développe latéralement à une progression de Sciences d'Objets, dont l'Ontologie et la Biologie sont le premier et le dernier termes.

A la Minéralogie, science des Minéraux, science d'Objets, est corrélative la Chimie, science de certaines propriétés minérales, science de Caractères. Toutes corrélatives qu'elles soient, la Minéralogie et la Chimie ne sauraient faire partie d'une même progression mathésiotaxique. J'en dirai autant de la Biologie, science des Vivants, et de la Physiologie, science de certaines propriétés des Vivants ; elles ne marchent pas *à la suite*, mais *à côté* l'une de l'autre.

Les sciences « abstraites » de Spencer, les sciences des « Abstraits » de Mill et de Spencer, c'est-à-dire les Sciences des Caractères, ne doivent donc pas être regardées — on le voit par ces cas particuliers — comme le couronnement d'un édifice mathésiotaxique dont les sciences des « Concrets généraux » (12) ou sciences « abstraites-concrètes » ou « concrètes », de ces mêmes auteurs (138), c'est-à-dire les Sciences des Objets, formeraient la partie inférieure ; elles en forment plutôt une aile distincte.

143. En outre, chacun de ces deux ordres de séries et de systèmes mathésiotaxiques se dédouble entièrement en deux couches : au-dessus, la Science Pure ; au-dessous, la Science Appliquée ou Art.

Se peut-il voir un plus outrageux barbarisme mathésiotaxique que celui de nos écrivains médicaux — aveuglément suivis par Littré et Robin — qui consiste à désigner l'Anatomie et la Physiologie comme des *accessoires* de la Médecine et de la Chirurgie, alors que ces dernières ne sont en réalité que des applications, des dérivations des premières ?

La Psychologie n'évoque-t-elle pas logiquement la Pédagogie et la Morale? Et la Sociologie ne comporté-t-elle pas visiblement ce double programme : d'une part, découvrir, au moyen d'une étude critique des faits psychologiques, physiologiques, économiques et politiques observables, les lois essentielles de l'agrégation humaine ; d'autre part, de la considération de ces lois déduire le plan d'un système social rationnel, scientifique, qui pour le plus grand bien de l'homme vienne remplacer les diverses sociétés empiriques où il a été parqué jusqu'à ce jour comme en un bagne? Oui, certes ; et pourtant le miracle lui-même de notre transformation industrielle par les applications de la mécanique, de la physique et de la chimie, n'a rien dit à nos psychologues et à nos sociologues. Un tel exemple, qui les sollicitait si puis·samment à passer de la spéculation pure et platonique dans le domaine de l'invention et de la création pratiques, a jusqu'ici été comme perdu pour eux.

Qu'on se mette bien ceci dans la tête : *Toute science spéculative est grosse d'un ensemble d'applications utiles dont elle demande à être accouchée.*

Cette vérité deviendra le stimulant de progrès le plus fécond le jour où elle cessera d'être méconnue.

.˙.

144. Pour nous résumer et conclure sur ce chapitre de la classification des sciences, nous dirons que l'entreprise mathésiotaxique des Ampère, des Auguste

Comte, des Herbert Spencer et de leurs émules a été prématurée. Tous ces constructeurs de systèmes ont bâti sur un terrain qui n'avait pas encore été déblayé, autrement dit sur le sable. C'est ce déblaiement qui doit être opéré d'abord. Il faut, avant de bâtir, creuser les fondations de l'édifice et lui préparer une ferme assiette.

Je viens de mettre un instant la main à ce travail préparatoire ; par là j'ai appris à en mesurer les difficultés. Je vais en signaler encore deux principales.

La systématisation ou synthèse des sciences est une tâche de la Logique ; mais, pour en venir à bout, le concours de la Métaphysique, ou plus exactement de l'Ontologie, lui est indispensable. En effet, il est clair qu'on ne peut sérier et systématiser valablement les sciences sans en avoir catégorisé les objets. Or la catégorisation des objets de la connaissance implique comme condition préalable une radicale et nette distinction du Sujet et de l'Attribut, une parfaite détermination de leur essence respective. Aussi longtemps que ce problème ne sera pas résolu — les gens du métier savent s'il est près de l'être ! — le rêve des mathésiotaxistes restera forcément une utopie.

Un autre obstacle, relativement d'ordre secondaire, mais qu'il est indispensable d'écarter, c'est la délimitation empirique, et plus ou moins arbitraire et accidentelle, de nos divers domaines scientifiques. Sous maint nom de science consacré par l'usage sont réunies violemment dans un périmètre factice des groupes de connaissances qui jurent de se trouver ensemble.

C'est comme un écartèlement de corps naturels de

connaissances, et la formation de corps artificiels et monstrueux par le rapprochement de membres disparates.

Sachons calmer notre impatience de contempler le chef-d'œuvre de la synthèse du savoir. Ce n'est rien moins qu'une œuvre d'improvisation, et plusieurs générations d'ouvriers et d'architectes devront se succéder avant que la construction atteigne le niveau du sol.

XIV

ÉPILOGUE.

145. Me voici parvenu au bout de la tâche que je m'étais témérairement donnée. De ce point, je désire jeter un coup d'œil en arrière sur le chemin parcouru ; ce sera comme un examen de conscience de l'auteur.

Ainsi que le titre a pris soin d'en avertir le lecteur, mon livre n'est qu'une suite d'aperçus sur un vaste sujet à peu près entièrement vierge. Aussi ne s'offre-t-il aucunement comme un traité classique, et la critique, pour être juste, devra proportionner ses exigences aux prétentions de l'ouvrage.

Je me rends compte des imperfections de ce travail, mais en même temps je crois me rendre simplement justice en me flattant de m'être rigoureusement astreint à un devoir dont tous les écrivains philosophiques, à de bien rares exceptions près, semblent faire fi, ceux d'entre eux principalement qui se donnent comme novateurs.

Le bon sens et l'honnêteté réclament qu'avant qu'on entreprenne de faire la lumière dans l'esprit d'autrui on se soit assuré d'y voir clair soi-même. Je me suis conformé scrupuleusement à cette règle. Tout ce que j'ai avancé, tout ce que j'ai exposé, j'ai voulu d'abord le comprendre clairement ; ce n'est qu'ensuite que j'ai essayé de communiquer cette clarté de compréhension aux autres, et j'ai mis toute mon application à y parvenir.

C'eût été pour moi une immense satisfaction de dresser la carte du domaine taxinomique dans son entier ; mais je me suis interdit une telle entreprise, cela pour bien des causes. Tout ce que j'ai tenté, c'est de relever quelques-uns des points principaux de cette *terra ignota* de la science pour permettre aux futurs explorateurs de s'y diriger avec quelque sûreté.

Je ne crois pas avoir échoué dans cette humble tâche de pionnier ; j'ai la conviction que, pour n'être que partiels, les résultats exposés dans ce livre sont des vérités définitivement acquises et solidement établies sur lesquelles on pourra bâtir avec confiance.

* *

146. Un dernier mot destiné à glorifier le magnifique sujet qui a été seulement effleuré dans cet écrit.

La TAXINOMIE est la science de l'ORDRE.

Et l'ORDRE, qu'est-il ? Il est la condition suprême du bien, de même que la confusion, le trouble, le chaos sont source de tout mal.

Découvrir la vraie place de chaque chose, et l'y mettre si elle ne s'y trouve déjà, voilà le souverain but de la science et de l'art, et c'est la TAXINOMIE qui en ouvre le chemin.

La confusion et le désordre, ce sont les ténèbres, c'est l'impuissance, c'est la stérilité, c'est la misère, c'est la souffrance ; c'est la déperdition et le gaspillage des forces désorganisées se dépensant en frottements, contrecoups et entrechoquements douloureux.

L'Ordre, c'est l'organisation normale, c'est l'organisation parfaite, où toutes les parties sont agencées suivant leurs vrais rapports de nature, et fonctionnent librement.

L'Ordre, c'est la Liberté.

Il est la lumière, il est la force, il est l'harmonie, il est la beauté, il est le bonheur.

Honneur à la Science de l'Ordre !

Si j'ai pu contribuer par cet écrit à faire reconnaître sa dignité et son importance, et à lui faire attribuer le rang qui lui appartient, j'estime que le sort, malgré tout, m'aura été favorable.

TABLE DES MATIÈRES

Imp. G. Saint-Aubin et Thevenot. — J. Thevenot, successeur, Saint-Dizier (Hte-Marne).